신비한 수학의 땅

툴리아

신비한 수학의 땅 툴리아

1판 1쇄 발행 2020년 4월 10일
1판 4쇄 발행 2022년 11월 25일

지은이 권혁진
펴낸이 이윤규

펴낸곳 유아이북스
출판등록 2012년 4월 2일
주소 (우) 04317 서울시 용산구 효창원로 64길 6
전화 (02) 704-2521
팩스 (02) 715-3536
이메일 uibooks@uibooks.co.kr

ISBN 979-11-6322-039-8 43410
값 12,000원

* 이 도서의 국립중앙도서관 출판예정도서목록(CIP)은 서지정보유통지원시스템 홈페이지(http://seoji.nl.go.kr)와 국가자료종합목록 구축시스템(http://kolis-net.nl.go.kr)에서 이용하실 수 있습니다. (CIP제어번호 : CIP2020012087)

중학교 수학 1-1 개념이 담긴 흥미진진한 이야기

신비한 수학의 땅
툴리아

지하실의 미스터리

글 권혁진 | 그림 차에 | 감수 김애희

유아이북스

머리말

대체 누가 수학이란 걸 만들어서 나를 이렇게 괴롭히는 걸까?

수학책을 펼치면, 이게 무슨 소린지 도통 이해가 안 갈 때가 많죠. 가슴이 답답해져 한숨만 쉬다 포기해 버리는 친구들도 있고요. 수학은 정말 그렇게 따분하고 어렵기만 한 걸까요?

이 책에는 공부라면 딱 질색인 데다 수학을 어렵게만 느끼던 14살 소녀 소희와 그 친구들이 등장합니다. 뜻밖에도 그들이 지하실에서 신비한 세계로 떠나, 이상하고도 기묘한 일들을 겪는데요. 정체불명의 요괴들을 만나면서 낯선 수학 개념에도 점점 익숙해지게 됩니다.

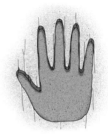

　여러분도 이 책의 주인공들과 함께 괴상한 요괴들이 가득한 세계, 툴리아로 떠나보면 어떨까요? 책을 읽으며 상상의 나래를 펼치다 보면, 나도 모르는 사이에 수학이 친근하게 느껴질 거예요. 그리고 책장을 덮을 때쯤이면 이렇게 생각할지 몰라요.

　'수학, 너 생각보다 별거 없었구나! 나도 이 정도는 할 수 있겠다'라고요. 우리 친구들이 이 미스터리한 이야기에 푹 빠져서 수학과 조금 더 친해지기를 바랍니다.

차 례

제**1**편

사라진 엄마

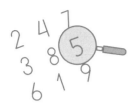

아직 이른 아침이었지만 소희는 저절로 눈을 떴다. 평소 같았으면 더 자고 싶어서 온몸을 비비 꼬면서 이불 속으로 숨어 들어갔을 것이다. 하지만 오늘은 달랐다. 오늘은 바로 6학년 겨울 방학식이 있는 날. 초등학생으로서 맞는 마지막 방학이 시작하는 날이다.

"엄마, 나 혼자 일어났어!"

소희는 일어나자마자 재빠르게 거실로 뛰어나갔다. 엄마가 깨워야 겨우 일어나던 평소의 모습과는 전혀 달랐다. 하지만 엄마는 거실에 없었다. 주방을 살펴보았으나 아침 준비를 하고 있지도 않았다. 바로 엄마 방으로 향했다. 이곳에도 역시 침대가 깔끔하게 정리되어 있을 뿐이었다.

"엄마, 어디 갔어?"

소희는 다시 주방으로 향했다. 오믈렛 냄새가 났기 때문이다. 주방의 식탁에는 접시 위에 오믈렛과 우유를 담은 컵이 하나 놓여 있었다. 그리고 그 옆에는 종이 한 장이 놓여 있었다. 놀란 눈을 비비며 종이에 적힌 글을 읽어 내려가기 시작했다.

소희야, 엄마가 급히 떠날 곳이 있어서 인사도 제대로 못하고 가네.

방학 동안에는 할머니 댁에 가 있으렴.

일이 끝나는 대로 다시 연락할게. 사랑한다, 우리 딸.

소희 눈에서 눈물이 글썽이기 시작했다. 이게 도대체 갑자기 무슨 일이야? 불현듯 어렸을 때의 기억이 떠올랐다. 소희가 일곱 살일 때, 부모님은 이혼했다. 평소 아빠와도 사이가 좋았던 소희는 아빠와 같이 살 수 없다는 사실을 믿기 어려웠다. 그렇게 가족 중 누군가가 떠나가는 경험은 두 번 다시 하고 싶지 않았다.

'엄마, 무슨 일이야 대체… 나만 놔두고….'

소희는 소매로 눈물을 닦고 일단 마음을 진정하기로 했다. 엄마가 그렇게 무책임하게 떠날 사람은 아니다. 우선, 아침밥을 먹

자. 아무 일 없이 엄마는 꼭 다시 돌아오리라 생각하며 마음을 다잡았다.

"그러니까, 이런 일은 처음이라는 거지?"

평소 추리소설과 만화를 좋아하는 현수는 코난처럼 커다란 알이 달린 안경을 한 손으로 만지작거리며 말했다. 그는 소희와 유치원 때부터 알던 오랜 친구다.

"응, 아무리 회사 일이 바쁘셔도 이런 적은 정말 단 한 번도 없었어."

소희는 시무룩한 표정으로 땅을 보며 말했다. 현수는 소희가 가져온 엄마의 편지를 다시 한번 자세히 들여다보면서 말을 이었다.

"아무래도 난 이 부분이 이상해. 보통 이렇게 짧은 내용의 편지라면 직접 볼펜으로 쓸 것 같은데. 컴퓨터로 써서 프린트하셨단 말이지."

"맞아, 그 부분이 좀 이상하긴 해."

"엄마가 평소에 집에서 컴퓨터를 자주 사용하셔?"

소희는 고개를 저었다. 엄마가 회사에서는 컴퓨터를 자주 사용한다고 알고 있으나 집에서는 거의 사용하지 않았다.

"그렇다면 아무래도 수상하지. 펜으로 쓴다면 엄마 글씨체인지 바로 알아볼 수 있겠지. 하지만 컴퓨터로 작성하면 사실상 누가 썼는지 알 수 없으니까."

"그럼 엄마가 쓴 게 아닐 수도 있다는 거야?"

소희는 놀란 토끼 눈이 되어 현수를 바라보았다.

"그럴 가능성도 완전 없다고는 할 수 없지."

소희로서는 엄마가 갑자기 떠났다는 사실도 받아들이기 힘들었다. 게다가 누군가 다른 사람이 엮여있으리라고는 상상도 못했다.

"그게 대체 무슨 말이야? 엄마가 납치라도 당하셨다는 거야?"

소희는 곧 다시 울음을 터뜨릴 것만 같았다. 현수는 소희의 어깨에 손을 올리며 위로하듯 말했다.

"아니, 그렇지 않을 거야. 납치를 당하셨는데, 오믈렛까지 만들 수는 없었을 거라 생각해."

현수의 표정이 사뭇 진지했다. 소희는 겨우 울음을 참고 말을 이었다.

"응, 맞아. 정말 오랜만에 먹어보긴 했지만 분명 엄마가 만든 오믈렛 맛이었…."

소희는 말을 끝까지 잇지 못했다. 잘 생각해 보니, 엄마가 마지막으로 오믈렛을 만들어주신 건 아주 오래전 일이다. 언제부터인가 오믈렛을 만들어주신 적이 없었다. 근데 하필 오늘 오믈렛을 다시 만들어주신 건 단지 우연인 걸까?

"오랜만?"

현수 역시 소희의 반응을 놓치지 않았다.

"응, 정말 오랜만에 먹는 음식이었어. 갑자기 오늘 왜 그 메뉴를 선택하신 걸까?"

현수는 잠시 골똘히 생각에 잠겼다. 그리고는 소희 엄마가 남긴 편지를 스마트폰으로 찍었다.

"할머니 댁에 가 있어도 연락은 되는 거지? 내가 좀 더 고민해보고 연락할게."

추리소설 마니아인 현수는 직감적으로 무언가 더 밝혀낼 것이 있다고 생각했다.

"그래, 고마워."

소희는 이렇게 신경 써주는 현수에게 고마움을 느꼈다.

"그리고, 너 생일이 8월 맞지?"

소희가 그렇다고 대답했다. 현수는 소희의 눈을 피한 채 땅을 바라보며 소희에게 무언가를 건넸다. 현수의 얼굴이 조금 빨개졌다.

"이게 뭐야?"

소희가 건네받은 것은 작은 보석 같은 것이 달린 목걸이였다. 보석은 투명한 연녹색의 빛을 띠고 있었다.

"여름에 가족들이랑 해외여행 갔을 때 산 건데, '페리도트'라는 8월의 탄생석이래. 몸에 지니고 있으면 수호신처럼 지켜준대. 난 3월생이라서 필요 없거든."

소희는 생긋 웃으며 감사의 인사를 표했다. 소희의 하얀 피부에 꽤나 잘 어울리는 목걸이였다.

방학식은 언제나처럼 지루함의 연속이었다. 특히 걱정이 많아진 소희에게는 더욱 길게만 느껴졌다. 학교가 끝나자마자 바로 할머니에게 연락했다. 고민 끝에 엄마가 갑자기 사라졌다는 말은 하지 않기로 했다. 할머니가 걱정할 수도 있기 때문이다.

할머니는 왜인지 이유는 모르나 핸드폰을 안 쓰신다. 집으로 전화를 걸었으나 받지 않으셨다. 잠깐 외출을 하셨거나 지하실에 계실 것이다.

할머니가 사시는 곳은 경상남도 통영으로, 소희가 사는 서울에서 버스로 4시간이 더 걸렸다. 아빠와 함께 살던 어린 시절에는 아빠가 운전하는 차를 타고 자주 가곤 했었다. 하지만 초등학생이 된 이후부터는 엄마와 버스를 타고 갔다. 방학 때마다 보통 3박 4일 정도씩 놀러 갔기 때문에 소희에게는 익숙한 곳이다. 단지, 예전과 차이점이라면 이번에는 홀로 떠난다는 것과 얼마나 머무르게 될지 아직 알 수 없다는 것이다.

통영행 버스에 앉아 이어폰으로 좋아하는 음악을 듣고 있자니 다시 눈물이 고였다. 현수와 이야기를 나눈 뒤로 혹시나 하는 걱정이 생겨버렸다. 오믈렛의 맛을 다시 떠올려 보았다. 엄마는 왜 오믈렛을 주고 가셨을까? 이런저런 생각을 하다가 소희는 어느새 잠이 들어버렸다.

제2편

수상한 소년

어느새 버스가 통영 종합 버스 터미널에 도착했다. 내리자마자 바다 냄새가 나는 것만 같았다. 할머니에게 다시 한번 전화를 걸었다. 이번에도 묵묵부답이다. 할머니는 잠깐씩 외출을 하실 때는 있더라도 집을 아예 비우거나 여행을 가시는 일은 결코 없었다.

'할머니까지 무슨 일이지?'

소희는 결국 혼자서 시내버스를 타고 할머니 댁 근처 정류장에서 내렸다. 평소에 버스 노선을 잘 봐둔 것이 도움이 되었다.

방학 동안 지낼 짐을 잔뜩 싼 가방을 메고 할머니 댁을 향해 계단을 올랐다. 겨울이었지만 얼굴과 등에 땀이 나기 시작했다. 할머니 댁은 2층으로 이루어진 별장처럼 생긴 집이다. 오래전에 할머니의 할머니 때부터 이 집에서 사셨다고 한다. 집 앞 정원에 있는 오래된 나무들이 먼저 소희를 반겼다.

"할머니!"

큰 소리로 할머니를 부르며 빠른 걸음으로 집으로 달려갔다. 안에서는 아무 반응이 없다. 현관문을 살짝 돌려보자 잠기지 않은 상태였다. 문이 삐걱거리며 그대로 열렸다. 창문으로 햇살이 들어오긴 했으나 집 안은 대체로 어둡고 고요했다.

"할머니?"

이번에는 집안으로 들어와 다시 한번 불러보았다. 여전히 쥐죽은 듯이 조용했다. 삐걱거리는 마룻바닥을 밟고 좀 더 안으로 들어오자 부엌에서 달그락거리는 소리가 들렸다.

"누구… 있어요?"

소희는 조금 무서운 마음이 들었다.

'혹시 할머니가 아니면 어떡하지?'

등에 메고 있던 가방 줄을 더욱 꼭 움켜잡았다. 하지만 이번에도 아무런 반응이 없다. 좀 더 용기를 내어 부엌 쪽으로 다가갔다. 갑자기 검은 물체가 소희에게 달려들었다.

"꺄—악."

소희는 놀라서 뒤로 엉덩방아를 찧었다. 정신을 차리고 그 물체가 움직인 방향을 살펴보았다. 어둠 속에 두 개의 호박색 눈동자가 보였다. 그제야 소희는 안도의 한숨을 쉬었다. 다름 아닌 할머니가 기르는 고양이 '치비'였다.

"뭐야, 너. 깜짝 놀랐잖아."

치비는 소희에게 다가와 꼬리를 흔들며 인사를 했다. 소희는 순식간에 긴장이 풀리며 마음이 누그러들었다. 다시 일어나서 집 안 곳곳을 살펴보았으나 할머니의 모습은 1층과 2층 어디에도 보이지 않았다.

2층 창문을 통해 멀리 정원 쪽을 바라보다가 우연히 나무 뒤로 한 사람의 형체가 보였다. 그 사람은 나무 뒤에 숨어서 할머니의 집 방향을 살피고 있는 것이 분명했다.

'저 사람은 또 누구지?'

수상한 사람이란 생각에 1층으로 내려가 일단 현관문을 잠가야 하나 생각했다. 그러면서 다시 창문 밖의 사람을 유심히 살펴보았다. 수상하긴 했으나 어른은 아닌 것 같고 자기와 비슷한 또래의 어린 남자아이로 보였다.

'일단 가서 무슨 일인지 얘기해 보자.'

소희는 다시 한번 용기를 내어 아래층으로 뛰어 내려갔다. 그

리고는 현관문을 박차고 밖으로 나갔다. 고양이 치비도 소희를 뒤따라 밖으로 나왔다. 나무 뒤의 소년은 갑자기 누가 뛰어나오자 놀란 듯이 나무 뒤로 숨어버렸다.

"누구세요? 무슨 일인가요?"

소희는 떨리는 목소리를 최대한 억누르며 큰 소리로 나무 뒤 소년에게 말을 걸었다. 잠시간 아무런 반응이 없었다. 그 소년도 어떻게 대답해야 할지 고민하는 것 같았다. 잠시 뒤 그가 나무 옆으로 모습을 드러냈다.

"넌… 누구야?"

소년의 첫 마디는 소희에게 정체를 되묻는 것이었다.

소년은 자신이 이 동네에 사는 6학년 학생이라 말했다. 소희와 마찬가지로 곧 중1이 된다. 이목구비가 뚜렷한 얼굴에 눈이 크고 피부는 햇볕에 약간 그을렸다. 이름은 최진영이라 했다. 서로 간단하게 소개를 마친 후에, 그는 마치 중요한 비밀을 말하는 것처럼 목소리를 작게 낮추었다.

"그러니까, 어제는 분명 다른 사람이었어."

진영이의 말에 의하면 자기가 학교를 오갈 때마다 소희 할머니 집 앞을 꼭 지난다고 한다. 집으로 돌아오는 오후쯤에는 할머니가 종종 손에 커다란 책을 든 채 지하실에서 나오시는 모습을 보았다고 한다.

어젯밤에는 진영이가 친구와 늦게까지 놀다 집으로 돌아가는 길이었다. 그때, 지하실에서 나온 사람이 분명 할머니가 아니라는 것이다.

"혹시 어두워서 잘못 본 거 아닐까? 평소와 다른 옷을 입고 계셨다거나…."

"아니야. 물론, 내가 멀리서 보긴 했지만 몇 년 동안 이 길을 지나다녔기 때문에 할머니의 몸집이 어느 정도인지는 잘 알아. 게다가 모자를 쓰고 있었단 말이야. 지금까지 단 한 번도 너희 할머니가 모자를 쓴 모습은 본 적이 없어."

진영이가 확신에 찬 어투로 단호하게 말했다. 소희는 덜컥 겁이 나기 시작했다. 오늘 대체 무슨 일이 일어나고 있는 것일까? 엄마도 갑자기 사라지시더니 할머니까지 안 보인다. 이 소년의 말이 절대 거짓말 같지는 않았다.

"그럼 네가 이 주변을 두리번거리고 있던 것도?"

"응. 혹시 너희 할머니한테 무슨 일이 있나 해서 살펴보는 중이었어. 근데, 마침 네가 집으로 들어가더라고."

결국, 이 소년 역시 소희와 마찬가지로 할머니의 행방을 찾고 있었다는 것이다.

"그럼 결국 지금 할머니를 찾아볼 수 있는 유일한 방법은…."

소희의 말에 진영이가 고개를 끄덕였다. 현재로서 그들에게 할머니의 행방을 찾게 해줄 유일한 단서는 직접 지하실을 살펴보는 것뿐이었다.

사실 소희는 지금까지 지하실에 가본 적이 단 한 번도 없다. 할머니는 평소 지하실에 무척 자주 드나드셨다. 하지만 어떤 이유에서인지 다른 가족들은 지하실에 절대 못 가게 막으셨다. 어렸을 때는 무섭고 커다란 괴물 쥐가 나온다고 겁을 주었다.

"괜찮겠지?"

소희의 말에 진영이가 말없이 다시 고개를 끄덕였다. 진영이는 사실 소희처럼 겁이 많은 성격은 아니었다. 그렇다면 이렇게 수상한 집 주변을 어슬렁거리지도 않았을 것이다. 오히려 호기심과 모험심이 많은 편에 가까웠다.

둘은 어느새 같은 목적을 가진 동료가 되어 지하실로 향했다. 지하실 문은 언제나처럼 굳게 닫혀 있었다. 하지만 평소와 달리 자물쇠가 걸려 있지는 않았다. 진영이가 앞장서서 문을 밀었다.

지하실 안은 칠흑같이 어두워서 아무것도 보이지 않았다. 마치 주변의 모든 소리를 흡수한 것처럼 고요했다. 그때였다. 순간

적으로 무엇인가가 소희의 가랑이 사이를 통과해 지하실 안으로
들어갔다.

"으앗!"

긴장하고 있었던 소희는 또 한 번 깜짝 놀라고 말았다. 이번에
도 치비였다.

"뭐야, 진짜. 쥐라도 잡으려고?"

치비는 어둠 속에서 자신의 모습을 완전히 감추었다.

"어딘가 불을 켜는 곳이 있을 것 같은데."

진영이가 벽을 더듬기 시작했다. 잠시 뒤, 지하실 안에 주황빛
의 형광등 불이 켜졌다.

"세상에…."

지하실의 풍경을 보고 소희는 다시 한 번 깜짝 놀라고 말았다.

제3편

지하실의 비밀

지하실 안에는 커다란 칠판이 한쪽 벽에 붙어 있었다. 그 위에는 알 수 없는 수학 공식들이 빼곡히 적혀 있었다. 보통 지하실이나 창고에 있을 법한 잡동사니는 하나도 보이지 않았다. 온통 수학과 관련된 책들이 책꽂이에 한가득 꽂혀 있었다. 마치 작은 도서관 같았다.

"너희 할머니, 원래 뭐 하시는 분이니?"

진영이가 감탄하며 물었다. 소희 할머니는 사실 대학에서 수학을 전공하고 박사학위까지 받으셨다. 대학교를 나온 사람도 얼마 없던 시절에 박사 과정까지 마쳤기 때문에 엄청난 엘리트셨다.

"할머니가 원래 수학을 많이 좋아하셨어."

"정말? 수학을 좋아하는 사람이 이 세상에 존재한단 말이야?"

진영이는 진심으로 놀란 표정이었다.

"응, 사실 나도 쉽게 믿기 어려웠어."

소희도 진지한 표정으로 대답했다. 공부에 별로 관심이 없는 소희에게 수학은 더더욱 관심 밖의 과목이었다.

"그런데, 잘 생각해 보니까 할머니도 어렸을 때는 수학을 별로 좋아하지 않으셨다고 했어. 어떤 계기로 갑자기 수학을 좋아하게 된 건지는 끝끝내 말씀을 안 해 주시더라고."

진영이는 여전히 이해할 수 없다는 표정을 짓고 있었다. 어쨌든 이곳에 할머니의 흔적이라고는 칠판에 쓰인 수학 공식밖에 없었다.

"음…. 우리가 기대한 중요한 단서는 안 보이는군. 다른 곳을 찾아볼까?"

"잠깐."

소희는 지하실 구석을 살펴보다가 앉아서 쉬고 있는 치비를 발견했다. 이상하게 그곳에만 빨간 양탄자 같은 것이 깔려 있었다. 치비는 폭신한 느낌이 좋아 그 위에 앉아 있는 것 같았다. 그리고 그 양탄자 앞에 놓인 책꽂이에서 이상한 점을 발견했다.

"여기 봐 봐, 진영아. 좀 이상하지 않아?"

소희와 진영이가 책꽂이 쪽으로 다가오자 치비는 슬쩍 일어나서 옆으로 몸을 옮겼다. 소희가 가리킨 책꽂이의 가장 아래층에는 똑같이 생긴 스무 권 정도의 두꺼운 책들이 꽂혀 있었다.

"그냥 책 아니야? 뭐가 이상해?"

"잘 봐 봐. 다른 책들은 이렇게 꽂힌 모양도 조금씩 다르고 조금 튀어나오기도 하고 들어가기도 했잖아. 그런데 이 책들은 20권 정도나 되는데도 이렇게 일자로 완벽히 똑같은 모양을 하고 있어."

"음, 그건 할머니가 아끼시는 책이라서 잘 정리해 두셨거나… 너무 읽지 않아서 그대로 있는 게 아닐까?"

소희는 아니라는 듯이 고개를 세차게 저었다. 그리고는 바로 쭈그리고 앉아 그 책들을 꺼내려고 손을 뻗었다. 책 한 권을 잡아 빼내자, 예상했던 대로 다른 책들이 다 같이 붙어서 같이 움직였다.

"와, 뭐야 이거!"

진영이는 놀라움을 감추지 못했다.

"이거 좀 무겁다. 같이 꺼내 보자."

소희가 진영이에게 도움을 청했다. 둘은 힘을 합쳐 한 권처럼 붙어 있는 스무 권의 책들을 책꽂이에서 꺼냈다. 외관만 책처럼 보이게 만든 가짜 모형이었다.

"이런 게 대체 여기 왜 있는 거지?"

소희와 진영이의 의구심이 커가는 동안 치비가 갑자기 책이 빠진 책꽂이로 달려들었다.

"치비!"

그리고 믿기 어려운 놀라운 일이 벌어졌다. 치비의 모습이 그대로 사라진 것이다.

"뭐, 뭐야? 저 안이 뚫려 있는 건가?"

소희와 진영이는 누가 먼저라고 할 것도 없이 고개를 숙여 책꽂이 안을 바라보았다. 책이 빠진 책꽂이 안쪽은 까맣게 어두울 뿐이었다. 소희가 먼저 손을 뻗어 보았다. 분명 책꽂이의 깊이라면 어느 정도 손을 넣으면 벽에 닿아야 했다. 하지만 거의 어깨까지 손을 뻗어 넣었으나 여전히 허공이 느껴질 뿐이었다.

"이 안이 뚫려 있는 것 같아."

소희의 말에 진영이는 침을 꼴깍 삼켰다. 마치 비밀 통로처럼 지하실 안에는 다른 곳으로 연결되는 개구멍 같은 것이 있던 것이다.

"그렇다면 좀 이해가 되는데…. 이 양탄자, 엎드려서 안으로 들어갈 때 옷을 더럽히지 않으려고 깔아 놓은 것 같아."

"할머니가 혹시 이 안으로 들어가신 건가?"

소희는 이해할 수 없는 상황에 당황했으나 어찌 되었든 빨리 할머니를 찾고 싶었다.

"그건 알 수 없지만… 적어도 할머니 고양이가 이 안으로 들어간 것은 확실하니… 가서 데려와야 하지 않을까?"

진영이의 말에 소희도 동의했다. 소희는 땅에 무릎을 꿇고 기어가는 자세로 몸을 바꾸었다. 어렸을 적 할머니가 하셨던 말이 순간적으로 떠올랐다.

'소희야, 지하실에는 네 몸집보다도 큰 쥐가 여러 마리 살고 있단다. 널 잡아먹을지도 몰라. 절대 지하실에 들어가서는 안 된다.'

소희의 온몸에 소름이 돋았다. 할머니 말과 달리, 지하실에 쥐는 한 마리도 보이지 않았다. 하지만 저 안에는 정말 쥐가 있을지도 모른다.

"진영아, 너는 여기서 기다려도 돼. 나 때문에 괜한 일에 엮이게 하고 싶지 않아."

진영이가 함께 가는 편이 소희에게도 더 든든했지만 미안한 마음 또한 들었다.

"내가 먼저 들어갈까?"

진영이는 소희의 말에는 들은 척도 하지 않고 소희처럼 네발로 기어가는 자세로 몸을 바꾸었다.

"아니야. 그럼 내가 먼저 갈게."

소희는 다시 한번 용기를 내보기로 했다. 오늘 대체 몇 번째 용기를 내는 걸까? 그렇게 소희가 먼저 책꽂이 속으로 기어서 들어가기 시작했다. 소희의 모습이 어둠 속으로 완전히 사라진 후에 진영이도 소희의 뒤를 따랐다.

모두가 사라진 지하실에는 다시 적막한 기운만이 남아 있었다.

지하실 안의 비밀 통로는 생각보다 좁고 깊숙했다. 높이가 낮아서 일어설 수도 없이 기어가야만 했다. 게다가 초등학생이 아닌 성인이라면 기어가기도 어려워 보였다.

'할머니가 이 좁은 곳으로 지나가시는 것은 도저히 무리야.'

소희와 진영이는 아무것도 보이지 않는 어둠 속에서 계속 앞으로 나아가야 했다. 가끔 앞이 막혀 있으면 왼쪽이나 오른쪽으로 방향을 틀기도 했다. 소희가 잠깐씩 멈춰 서면 진영이 머리가 그대로 소희 엉덩이에 부딪혔다.

"으앗!"

갑자기 미끄럼틀처럼 경사가 진 내리막길이 나타나기도 했다.

앞이 안 보이는 소희는 놀라서 비명을 지르며 미끄러져 내려갔다. 뒤쪽에 있던 진영이는 소희의 비명을 듣고 그래도 조심해서 내려갈 수 있었다.

"대체 어디까지 가야 하는 걸까?"

20분 정도 어둠 속을 기어가다가 소희가 말했다.

"냐옹."

소희의 말에 대답이라도 하듯이 저 멀리서 치비의 울음소리가 들렸다. 차라리 걸어간다면 좀 나았을 텐데 계속 기어가다 보니 힘이 더 빠졌다. 무릎도 점점 아파 왔다.

온몸이 피곤해진 상태에서 소희가 잠깐 쉬었다 가자고 제안했다. 진영이도 동의하며 걸음을 멈췄다. 잠시 숨을 돌리고 있을 때였다. 무언가가 길게 쭉 미끄러지는 소리가 들렸다. 어둠 속이라 보이지는 않았지만 작은 소리에도 더 집중할 수 있었다.

"무슨 소리지? 치비가 미끄러지는 소리 아니야?"

지금까지 여러 번 미끄럼틀 같은 내리막이 있었으나 이렇게 오랜 시간 길게 미끄러진 적은 없었다.

"거의 100미터짜리 워터 슬라이드 같은 느낌인데…. 엄청나게 길어."

진영이도 약간 긴장을 한 채 말하였다.

"아, 그건 그렇고 일단 자리 좀 바꾸자. 네가 자꾸 멈춰 서니까 머리가 네 엉덩이에 부딪힌단 말이야."

"뭐야. 어두워서 아무것도 안 보이니까 그렇지."

진영이의 불평에 소희는 투덜거리며 자리를 바꿔 주었다. 사실 진영이는 소희가 내리막이 나올 때마다 자꾸 놀라는 것이 신경 쓰였다. 차라리 자기가 앞에 서는 편이 낫겠다고 생각했다. 그렇게 자리를 바꾸고 다시 길을 나서게 된 지 몇 분도 채 되지 않았을 때였다.

"아우!"

외마디 비명과 함께 진영이는 그대로 앞으로 미끄러지게 되었다. 이번 내리막은 지금까지와 차원이 달랐다. 진영이는 몸을 제대로 가눌 새도 없이 엄청나게 빠른 속도로 미끄러져 내려가기 시작했다.

소희는 진영이의 한마디 덕분에 마음의 준비는 할 수 있었다. 하지만 두려운 것은 마찬가지였다. 두 눈을 꼭 감고 어둠 속에 몸을 맡겼다. 진영이 뒤를 따라 소희도 그대로 어둠 속을 미끄러져 내려가기 시작했다.

너무 빠른 속도에 둘 다 현기증이 나기 시작하고 정신이 점점 아득해져 갔다. 그렇게 둘은 어둠 속으로 사라졌다.

제**4**편

새로운 세계

얼마나 시간이 흘렀을까. 소희는 귀에서 윙윙거리는 소리에 정신이 들었다. 잔디 위에 엎드린 상태로 몸이 천근만근 무겁게 느껴졌다.

'겨울에 무슨 모기라도 있는 건가?'

모기를 쫓기라도 하듯이 귀 주변으로 손을 휘저었다.

"여긴 어디지?"

살며시 눈을 뜨자 눈앞에 커다란 연못이 보였다. 그 주변으로는 나무와 풀들이 무성하게 우거져 있었다. 이상하게도 조금 전까지 느껴지던 겨울의 차가운 공기가 전혀 느껴지지 않았다. 오히려 살짝 더운 느낌이 들었다. 뒤쪽을 돌아보자 진영이도 소희와 마찬가지로 잔디 위에 쓰러진 채로 있었다.

"인간은 정말 오랜만이네요."

소희는 목소리를 듣고 깜짝 놀라 기겁을 했다. 아까 귀에서 윙윙거리던 것이 이제는 말을 하는 것이었다. 소희 눈앞에서 날갯짓하는 작은 생명체는 마치 그리스 신화에 나오는 요정 같았다. 손바닥만큼 자그마한 몸집에 하얀 피부를 가진 여자아이의 모습을 하고 있었다. 긴 금발 머리가 햇빛에 반사되어 밝게 빛났다.

"누구세요?"

소희의 질문에 그 여성은 생긋 웃음을 지었다.

"저는 이 숲에 사는 님프예요."

소희는 여전히 어리둥절한 표정을 짓고 있었다. 님프가 요정이라는 것 정도는 그리스 신화를 읽어서 알고 있었다.

"대체 여긴 어디죠? 우리가 왜 여기 있는 거죠? 혹시 검은 고양이는 못 보셨나요?"

소희는 모든 것이 혼란스러워서 이런저런 질문들을 늘어놓았다. 머리가 아파 왔다. 님프가 무엇부터 대답해야 할지 고민하는 동안 수풀 속에서 온몸에 검은 털이 난 무언가가 두 발로 걸어오기 시작했다.

"날 찾는 거야?"

그 모습을 보고 소희는 거의 기절할 뻔했다. 수풀에서 두 발로 걸어 나온 것은 다름 아닌 고양이 치비였다.

"뭐, 뭐야? 방금 말한 게 설마 넌 아니지? 제발 아니라고 해줘…."

"어쩌지? 나 맞는데."

치비는 뭘 그렇게까지 놀라냐는 듯한 표정으로 퉁명스럽게 대답했다.

"이건 꿈인가?"

소희는 그대로 다시 기절했다.

소희가 다시 정신을 차리는 데까지는 그리 오랜 시간이 걸리지 않았다. 어느새 진영이와 치비가 소희를 둘러싸고 앉아 있었다. 님프는 아까처럼 소희 앞에 윙윙 날개 소리를 내며 공중에 떠 있었다. 결국, 그들은 지하실의 비밀 통로를 통해 새로운 세계로 와버린 것이다.

"치비, 대체 어떻게 된 거야? 네가 말을 다 하다니…."

소희는 여전히 치비를 보고 믿을 수 없다는 표정이었다.

"이곳 '툴리아'에서는 동물도 인간의 말을 할 수 있고 사람처럼 두 발로 걸을 수 있어요."

님프가 간단히 설명했다. 치비는 소희를 보고 잘난 척을 하듯이 거만한 표정을 지어 보였다.

"소희 네가 기절한 동안 님프에게 얘기를 좀 들었어. 이곳 '툴리아'는 우리가 살던 곳과는 전혀 다른 세계인 것 같아. 계절도 우리와 정반대로 여름이고. 내 핸드폰도 이렇게 전파 신호가 전혀 잡히지 않고."

진영이가 간단히 지금 상황을 설명했다.

"그럼 어떻게 다시 돌아갈 수 있는 거야?"

"그건⋯."

진영이가 머뭇거렸다.

"여러분이 여기로 들어올 수 있었던 통로는 이미 완전히 닫혔어요. 다시 나가기 위해서는 툴리아 전체를 지배하는 '그분'을 만나서 이야기를 해 봐야 해요."

'그분은 또 누구야?'

소희는 일이 점점 꼬여간다는 생각에 머리가 또 지끈거렸다. 그래도 우선 가장 중요한 목적이었던 할머니의 행방부터 떠올렸다.

"아, 근데 님프님. 혹시 이곳에 할머니 한 분 오신 적 있나요?"

님프는 고개를 가로저었다.

"아니요. 이곳에 인간이 온 것은 거의 50년 만이에요. 50년 전에도 당신 같은 소녀가 찾아온 적이 있었죠."

님프의 말에 의하면 할머니는 이곳에 오시지 않았다. 그렇다면 할머니는 대체 어디에 계신 걸까?

"다시 돌아가려면 어디로 가야 하죠?"

진영이가 님프를 바라보며 물었다.

"우선, 여러분은 저 앞에 보이는 숲으로 들어가는 다리를 건너야 해요. 그곳을 통과해서 숲속 깊숙이 들어가야 해요."

님프가 가리킨 방향에는 나무다리가 놓여 있었고 그 아래에는 거대한 웅덩이가 있었다. 소희와 진영이는 수풀 뒤로 몸을 숨긴 채 가까이 다가가 웅덩이 안을 살펴보았다. 그곳에는 길고 거대한 생명체 몇 마리가 꿈틀거리고 있었다. 생전 처음 보는 것이었다.

"저게 대체 뭐야? 아나콘다 같은 뱀인가?"

소희가 진영이에게 속삭였다. 웅덩이 안의 생명체는 아무리 봐도 괴상한 모습을 하고 있었다. 머리는 용처럼 생겼는데 몸은 뱀이랑 비슷해 보였다. 여러 마리가 서로 뒤엉켜 있는데 몸집이 워낙 거대하여 나무다리 위까지 목을 뻗을 수 있을 것 같았다.

"우리가 아는 뱀은 아닌 것 같은데…."

진영이가 약간 겁에 질린 듯 말하였다.

"이무기예요. 용이 되어 날아가고 싶었으나 아직 갈 수 없어서 웅덩이 속에 머물러 있죠."

님프가 그들 옆에 다가와서 말했다.

"꼭 여기를 지나가야 하는 건가요? 나무다리 위로 건너다가는 저 녀석들 저녁밥이 될 거 같은데…."

진영이가 시간이 더 걸리더라도 돌아가면 안 되냐고 물었다.

"숲속으로 들어가려면 여기를 통과하는 수밖에 없어요."

님프의 대답에 모두 두려움이 앞섰다. 잘못하다가는 이무기에게 산 채로 잡아먹힐 것만 같았다.

"어떻게 여기를 지나갈 수 있지? 각자 다리 하나씩 포기하라는 건가?"

치비가 뒤쪽에서 말했다.

"이곳을 지나가려면 이무기들이 원하는 것을 줄 수밖에 없죠."

"원하는 것?"

"네. 저들의 목적은 오직 하나뿐이에요. 용이 되어 하늘로 날아가는 것이죠. 그렇다면 그들이 날아갈 수 있게 해 주면 돼요."

모두 황당하다는 표정을 지었다. 그렇게 쉽게 용이 될 수 있다면 이렇게 두려워하고 있을 필요도 없는 것 아닌가?

"어떻게 하면 저들이 용이 될 수 있죠?"

소희가 답답한 마음에 물었다.

"저들은 용이 되기 위해 1000년 가까이 수련해 왔어요. 이제 진주 구슬만 있으면 돼요. 그 구슬을 가져와서 입에 물려주기만 하면 돼요."

제**5**편
여왕 지수의
진주 구슬

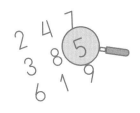

님프의 말에 의하면 마치 용이 여의주를 물듯이 이무기에게 진주 구슬을 찾아서 물려 주면 된다는 것이었다. 그렇다면 그 구슬들은 대체 어디에 있는 것일까? 모두 궁금할 뿐이었다.

연못 건너편에 작은 오솔길이 하나 있었다. 님프가 오솔길 방향을 가리키며 말했다.

"진주 구슬을 얻기 위해서는 우선 저기 보이는 오솔길로 가야 해요. 그곳에서 '여왕 지수'를 만나야 해요."

소희는 지수라는 말에 괜히 반가움을 느꼈다. 같은 반에 지수라는 이름을 가진 친한 친구가 있었다.

"지수라면 맨날 지각하던 앤데."

사실 진영이 반에도 지수가 있던 것이다.

"여러분 반에도 지수가 있는 모양이군요. 저 안으로 가면 그것보다 훨씬 많은 지수들이 있을 거예요. 몸집이 매우 작고 하얀 옷을 입은 소녀들이에요. 그런데, 지수들은 모두 말을 타고 있을 거예요. 말이긴 한데 아마 처음 보는 생김새일 거예요. 코끼리처럼 코가 길고 호랑이 꼬리가 달린 말이에요. 지수가 타고 있는 건 '밀'이라 불리는 동물이에요."

님프의 설명을 들으며 오솔길을 따라 걸어가자 나무로 둘러싸인 넓은 공터 같은 공간이 나타났다. 그들의 눈앞에는 '밀'을 타고 있는 수십 명의 거의 똑같이 생긴 작은 소녀들이 보였다.

"이 중에서 여왕 지수를 찾아야 한다는 거지?"

"다 똑같이 생긴 것 같은데…."

소녀들의 겉모습은 거의 다 똑같아 보였다. 다만 차이점이라면 소녀들의 이마에 서로 다른 숫자가 적혀 있었다는 것이다. 지수들을 태운 '밀'의 이마에도 역시 서로 다른 숫자가 적혀 있었다.

"저 숫자들은 뭐지?"

"저 숫자들이 여왕 지수를 찾아낼 수 있는 결정적인 단서예요. 저기 있는 지수를 봐 보세요."

님프의 손가락이 가리키는 곳에는 이마에 2가 쓰여 있는 '밀'과 이마에 4가 쓰여 있는 '지수'가 보였다.

"밑에는 2가 있고, 지수에는 4가 쓰여 있죠? '2^4' 이런 모양일 거예요."

"네, 맞아요."

"저 숫자로부터 얼마나 강한 아이인지 알 수 있어요. '2^4'인 아이의 힘은 밑에 있는 2가 지수에 있는 숫자인 4번만큼 곱해진 것과 같아요. 즉, $2 \times 2 \times 2 \times 2$와 같다는 말이죠. 거듭해서 반복적으로 곱해야 하니까 '2^4'같은 모양을 '거듭제곱'이라 불러요. 2를 4번 곱하면 몇이죠?"

"16."

치비가 재빨리 대답했다. 빠른 계산 속도에 모두 놀랐다. 과연 수학 박사 할머니의 고양이다웠다.

"맞아요, 16. 저 아이의 파워는 16이에요."

"그렇다면 여왕 지수는 가장 파워가 강한 녀석인가?"

치비가 물었다.

"이해가 빠르군요. 정확해요. 파워가 가장 강한 아이를 찾아내면 돼요. 제가 알기로 아무리 강한 여왕 지수도 파워가 아직 50을 넘지는 않을 거예요."

모두 50이라는 숫자를 머릿속에 기억해 두었다.

"그리고 한 가지 더 조심할 게 있어요. 여왕 지수가 아닌 다른 지수가 진주 구슬을 준다고 해도 절대 받으면 안 돼요.”

“왜 그렇죠?”

진영이가 호기심에 가득 찬 표정으로 물었다.

“그 구슬들은 아무 효능이 없어서 이무기한테 주면 괜히 화만 돋울 거예요. 분명 다른 지수들은 여러분을 속이려 할 거예요. 하지만 절대 속아서는 안 돼요!”

“그럼 여왕 지수는 구슬을 달라고 하면 그냥 주나요?”

진영이가 또 한 번 물었다.

“아니요. 절대 그냥 줄 리는 없어요. 여왕 지수의 기분을 좋게 해 줘야 줄 거예요. 무작정 달라 하지 말고 그녀를 잘 살펴본 다음 대화를 시도해 보세요!”

님프는 이 말까지 하더니 그들을 놔두고 오솔길 입구 쪽으로 날아갔다.

모두 여왕 지수를 찾기 위해 밑을 타고 있는 지수들 주변으로 움직이기 시작했다. 최대한 빨리 찾아내기 위해 각자 흩어져서 살펴보기로 했다. 진영이 눈에 먼저 띈 것은 밑에 4, 지수에 2가 쓰인 아이였다. ‘4^2’ 이런 거듭제곱 모양이었다.

‘밑이 4이고 지수가 2니까, 4를 2번 곱하면 되겠지. 4×4는 16 이네. 별로 강한 녀석은 아니군.’

"이리와. 내가 진주 구슬을 줄게."

4^2의 소녀가 진영이에게 가까이 다가와 미소를 띠며 속삭였다. 진영이는 얼른 눈을 피해 다른 방향으로 향했다. 무시를 당한 소녀는 금세 표정이 시무룩해졌다.

소희의 눈앞에 보인 것은 밑에 3, 지수의 이마에도 3이 쓰인 아이였다. '3^3' 이런 모양이었다. 밑의 코가 유난히 커서 눈에 띄는 녀석이었다.

"안녕, 귀여운 꼬마야. 내가 여왕 지수야."

그 아이는 소희를 보자마자 웃으면서 다가왔다. 소희는 머릿속으로 계산하기 시작했다.

'3^3이니까 밑에 있는 3을 3번 곱해야겠지? $3 \times 3 \times 3$은… 몇이더라?'

잠시 생각을 한 후에 27이라는 것을 알아냈다.

"파워가 27이면 여왕 지수라 보기에는 조금 약한 것 같은데요."

소희가 계산한 결과를 솔직하게 말했다.

"뭐야. 내 파워를 어떻게 아는 거야? 난 내 이마가 안 보인단 말이야."

소희의 말에 3^3의 소녀가 발끈했다.

"이마에 3이라고 쓰여 있어요."

"뭐? 아직도 내 힘이 그거밖에 안 된단 말이야?"

소희는 짜증이 난 지수를 피해 다른 방향으로 향했다. 3^3의 소녀는 계속 혼자서 중얼거리며 불평하고 있었다.

'지수들은 자기 이마에 쓰인 숫자조차 모른단 말이지?'

멀리서 소희를 지켜보던 치비는 밑이 큰 녀석부터 찾아보고자 했다. 아무래도 밑이 크면 파워가 강할 확률도 높지 않을까 생각했다. 밑에 있는 숫자들을 쭉 둘러보았으나 그리 큰 수는 보이지 않았다. 그러다 한쪽 구석에 밑이 7인 녀석이 보였다.

'저 녀석이 제법 큰 편이군. 어떤 애일지 궁금한데.'

구석에 있는 지수는 거울을 보는 데 정신이 팔려 있었다. 거울에 가려져 이마가 잘 보이지 않았다.

"어이!"

치비가 말을 걸었다. 그녀는 여전히 거울을 보면서 치비는 거들떠보지도 않은 채 말했다.

"나 이따가 파티에 갈 예정이라 바빠. 무슨 일이야?"

치비는 얼른 지수의 등 뒤쪽을 향해 뛰어갔다.

'원래 거울은 왕이나 귀족들만 썼다는 얘기를 들은 적이 있어.'

그리고는 지수가 들고 있는 거울을 바라보았다. 거울 속에 비친 지수의 이마에는 '2'자가 선명하게 새겨져 있었다.

'밑이 7이고 지수가 2니까 7을 2번 곱하라는 말이군. 7×7=49. 49라면 굉장히 높아. 아까 님프가 아무리 파워가 높아도 50은 넘지 않는다고 했으니 여왕 지수일 확률이 높아.'

"혹시 진주 구슬을 받을 수 있을까?"

치비가 거울을 든 지수에게 단도직입적으로 물었다. 말을 하고 나서야 아차 싶었다. 님프가 무작정 구슬을 달라고 하면 안 된다고 얘기했던 것이 떠올랐다.

"뭐야? 내가 여왕인지 어떻게 안 거야?"

'그거야 너의 파워를 계산해 봤으니 알지.'

치비는 속으로 이렇게 생각했다. 하지만 왠지 그렇게 말하면 여왕 지수의 기분을 좋게 해 주기 어려울 것 같았다. 순순히 진주 구슬을 받아 내기 어려울 것이다.

"그거야, 네가 가장….'

누군가의 기분을 좋게 하려면 그 사람이 좋아하거나 관심 있는 것을 먼저 파악해야 했다. 여왕 지수는 지금 계속 거울을 보고 있었다. 그렇다면 아무래도 외모에 관심이 많은 아이라 생각했다. 치비는 이렇게까지 말해야 하나 싶었으나 진주 구슬을 얻기 위해 꾹 참고 말했다.

"아름다우니까 바로 알았지."

사실 치비의 눈에 지수들은 다 똑같이 생긴 것처럼 보였다. 게다가 고양이라서 소녀의 미모에는 전혀 관심 없었다. 하지만 다 비슷하게 생긴 것 같은데 차이를 발견했다고 말하면 어떨까? 그런 식으로 칭찬하면 더 감동하리라 생각했다. 여왕 지수는 그 말을 듣자마자 거울을 치우고 치비를 바라보았다. 감추려 했으나 입가에 살짝 미소가 보였다.

"귀여운 고양이네."

여왕 지수는 치비에게 진주 구슬이 담긴 주머니를 하나 건네주었다. 치비는 그녀에게 감사 인사를 하고 재빨리 다른 친구들을 불러 모았다. 이제 이 구슬을 이무기의 입에 물려 주면 나무다리를 무사히 건널 수 있었다.

소희는 대체 무슨 대화를 나눴길래 쉽게 구슬을 받을 수 있었는지 궁금했다. 하지만 치비는 끝내 그 방법에 대해서는 비밀로 했다. 소희 일행이 오솔길을 다시 빠져나오자 님프가 기다렸다는 듯이 말했다.

"벌써 진주 구슬을 얻어 내다니 정말 훌륭해요."

치비는 멋쩍은 듯 웃어 보였다. 소희 일행은 다시 연못을 돌아 이무기들이 있는 웅덩이 근처로 향했다.

제6편

이무기와
제곱수의 용

"이제 이무기들에게 구슬을 주어야 해요. 웅덩이에 모두 몇 마리가 보이죠?"

"세 마리요."

님프의 질문에 진영이와 소희가 동시에 대답했다.

"네, 세 마리 모두 용이 되어 날아가게 해 주어야 해요. 한 마리라도 남아 있다면 나무다리를 건널 때 위험할 수 있겠죠."

"근데, 구슬을 아홉 개나 받았는데 어떤 구슬을 누구한테 줘야하지?"

치비가 물었다.

"이무기가 아직 땅에 남아 있는 이유는 부족한 부분들이 있어서 그래요. 그 부족한 부분들을 채워 줘야 용이 될 수 있어요."

님프는 잠깐 숨을 돌리더니 조금 엉뚱해 보이는 말을 시작했다.

"소희 양, 혹시 엄마랑 신발 사러 간 적 있나요?"

"네, 물론 있죠."

"너무 예쁜 신발을 찾은 거예요. 근데 그게 왼쪽, 오른쪽 사이즈가 서로 달라도 살 건가요?"

"아니요. 그럼 쓸모가 없으니 당연히 안 사겠죠."

님프는 흡족한 듯이 미소를 띠었다.

"그렇죠? 저 이무기들에게도 마찬가지예요. 양쪽 크기가 맞아야 하는 신발처럼 양 날개가 똑같아야 날아갈 수 있어요. 예를 들어, 밑이 3이고 지수가 2인 수는 어떻게 생겼죠?"

진영이가 땅에 나뭇가지로 3^2을 써 보였다.

"네, 3의 제곱이라고 읽으면 돼요. 3의 제곱은 3×3이죠. 똑같은 숫자 두 개가 곱해졌어요. 5^2은 5의 제곱이라 읽죠. 5×5인데 이것도 똑같은 숫자 두 개가 곱해졌죠?"

"네, 그렇죠."

진영이가 대답했다.

"이렇게 같은 수가 두 번 곱해진 것을 제곱수라 해요. 저 이무기들은 제곱수가 되어야 자유롭게 날아갈 수 있어요."

"잉?"

소희가 무슨 말인지 모르겠다는 듯이 반응했다.

"아직 이해하지 못해도 괜찮아요. 우선, 가장 가까이에 보이는 이무기의 날개를 봐요. 날개가 하나밖에 없네요. 날개에 뭐라고 쓰여 있죠?"

날개가 하나 달린 이무기가 혀를 날름거리고 있었다. 날개에는 2라는 숫자로 된 무늬가 있었다.

"2요."

"맞아요. 근데, 2가 혼자 있어요. 제곱수가 되려면 같은 수가 두 번씩 곱해져야 한다고 했죠?"

"네, 그럼 2가 하나 더 있으면 된다는 건가요?"

"맞아요. 2를 하나 더 주면 2×2가 되어 2^2이 되겠죠. 그러면 날개 하나가 더 생겨서 각각 2씩 갖게 되고 용이 될 수 있어요."

님프의 설명이 끝나자마자 치비는 곧바로 2가 쓰인 진주 구슬을 이무기에게 던졌다.

"제곱수의 용이 되어 자유롭게 날아라."

이무기는 얼른 그 구슬을 입에 물었다. 갑자기 '펑' 터지는 소리가 나면서 하얀 연기가 이무기의 몸을 완전히 가렸다. 연기 속에서 힘차게 날갯짓하는 것이 보였다. 곧이어, 양쪽에 날개가 달린 한 마리 용이 나타나더니 하늘 높이 날아오르기 시작했다.

"우와. 진짜 신기하다."

진영이가 감탄하여 외쳤다. 나머지 두 마리의 이무기들도 치비를 향해 혀를 내밀고 있었다. 자신들도 빨리 용이 되어 날아가고 싶다는 뜻이었다. 먼저 왼쪽에 있는 이무기는 양쪽 날개의 크기가 달랐다. 왼쪽의 큰 날개에는 10이, 오른쪽의 작은 날개에는 2의 무늬가 있었다.

"이번에는 날개는 2개인데, 양쪽의 숫자가 달라."

"그러네. 양쪽의 수를 모두 곱하면 20이야. 우선 이걸 최대한 쪼개보자. 왼쪽은 10이니까 2와 5를 곱했다고 볼 수 있지. 오른쪽 날개는 그냥 2야."

치비가 말했다.

"그렇다면 오른쪽에도 5를 더 곱해 준다면?"

소희가 치비를 바라보며 말했다.

"그러면 양쪽 다 10이 되겠지? 10×10이니까 10^2, 제곱수야!"

"그럼, 이번엔 내가 던져 볼게! 5가 쓰인 구슬 나한테 줄래?"

소희의 말에 치비가 구슬 주머니에서 5가 적힌 구슬을 찾아 꺼내 주었다.

"제곱수의 용이 되어 날아가라!"

소희가 던진 구슬을 왼쪽에 있던 이무기가 받아 물었다. 그러자, 작았던 오른쪽 날개가 날갯짓할 때마다 조금씩 커지기 시작했다.

"저거 봐! 점점 커진다!"

결국, 양 날개의 크기가 똑같아졌다. 그러자, 두 번째 이무기도 용이 되어 힘차게 날개를 펄럭이며 하늘 높이 솟아올랐다.

이제 마지막 이무기 하나만 남아 있었다. 이 이무기는 이상하게도 날개가 전혀 없고 몸집도 작았다.

"이 이무기는 어린 편이네요. 아직 1000년을 살지 못해서 날개가 자라지 않았어요. 그 대신 몸에 무늬가 있네요."

어린 이무기의 몸에는 18이라는 무늬가 있었다.

"그럼 어떻게 해야 하죠?"

"이번에도 저 숫자를 최대한 쪼개 보세요. 그리고 짝이 안 맞는 숫자를 찾으세요."

님프의 말을 듣고 진영이가 나뭇가지로 흙 위에 숫자들을 쓰기 시작했다.

"18은 일단 2와 9를 곱하면 나오겠네. 2×9=18이니까."

소희도 어느새 나뭇가지를 주워왔다.

"응. 그럼 2는 이제 더 나누기 어려울 것 같아. 근데, 9는 3×3

으로 또 나눌 수 있어."

"그렇다면 결국 18은 2×3×3이 되겠지!"

그렇다면 이번에도 짝을 맞추려면? 소희가 머리를 굴리기 시작했다. 3은 2개가 짝을 이루고 있으니 2가 하나 더 있으면 충분했다. 그러면 2×3=6과 2×3=6으로 똑같이 나눌 수 있었다. 6^2, 제곱수가 되는 것이다.

"이번에도 2가 쓰인 구슬을 던지면 될 것 같아!"

"이번엔 내가 던져 볼게! 나한테 구슬을 줘!"

진영이가 밝은 목소리로 우렁차게 외쳤다. 하지만 주머니를 한참 뒤지던 치비의 표정이 어두워졌다.

"2가 쓰인 구슬은 이제 더 없어. 구슬은 1부터 9까지 한 개씩만 있었어."

"뭐라고?"

"아까 처음에 2를 던졌으니 이제 없다는 거야?"

소희와 진영이 모두 당황하여 멍한 표정이었다.

"그럼, 우린 이제 망한 건가?"

모두 절망에 빠져 있었다. 소희가 님프를 바라보았으나 그녀는 아무 말도 하지 않은 채 주변을 맴돌고 있었다.

한동안 모두 생각에 잠겨 있었다. 치비는 혹시 이무기가 낮잠이라도 자지 않을까 살펴보았으나 계속 소희 일행 쪽을 바라보고 혀를 날름거릴 뿐이었다.

진영이와 소희는 땅바닥에 주저앉아 치비가 가져온 진주 구슬을 만지작거리고 있었다. 이 구슬, 저 구슬 만지다가 굴려 보기도 하였다. 진영이가 굴린 8이 적힌 구슬을 소희가 한참 동안 바라보았다. 갑자기 무언가 생각이라도 난 듯 소희가 말을 꺼냈다.

"혹시 말이야. 이렇게 해 보는 건 어때? 우리가 가진 구슬 중에 8 있잖아. 8을 쪼개면….."

"음, 그럼 4×2가 되겠네. 아, 그럼 4는 또 2×2로 쪼개지니까 $2 \times 2 \times 2$가 되겠네."

치비가 땅바닥을 쳐다보며 무심하게 말했다.

"응, 그럼 그 구슬을 던져 보면 어떨까?"

소희의 말에 치비와 진영이 모두 당황한 표정을 지었다. 무슨 영문인지 알 수 없었다.

"응? 2를 세 개나?"

"응. 그럼 원래 18이 $2 \times 3 \times 3$에서 2가 혼자 있었잖아. 근데, 2를 3개 더 주면 $2 \times 2 \times 2 \times 2 \times 3 \times 3$이 될 거야. 둘로 똑같이 나누면 $2 \times 2 \times 3$, $2 \times 2 \times 3$ 이렇게 짝이 맞잖아!"

치비와 진영이 모두 눈이 휘둥그레져서 소희를 보며 감탄하였다.

"아, 진짜 그러네. $2 \times 2 \times 3 = 12$니까 12^2으로 제곱수야!"

"역시 수학 박사님의 손녀딸 맞구나!"

치비와 진영이의 칭찬에 소희가 생긋 웃어 보였다.

이번에는 마지막으로 진영이가 구슬을 던져 보기로 했다. 진영이는 한 번 심호흡을 한 후에 있는 힘껏 진주 구슬을 던졌다. 구슬을 입에 문 마지막 이무기도 양 날개를 단 용이 되어 하늘로 날아갈 수 있었다. 이제 웅덩이 속에는 고인 물만 남아 있을 뿐이었다.

모두 서로의 얼굴을 바라보며 미소를 지어 보였다. 진영이가 달려들어 소희, 치비와 차례로 하이파이브를 하였다. 이제 이무기가 사라진 나무다리를 무사히 건너갈 수 있었다. 소희는 다리를 건너자마자 힘이 풀려 그 자리에 주저앉았다.

"휴, 겨우 여기까지 왔네."

"다들 고생했어요. 잠깐 쉬었다 갈까요?"

님프의 제안에 다들 지친 상태라 잠깐 쉬기로 했다. 어느새 날이 어둑어둑해 지고 있었다.

소희는 주머니에서 핸드폰을 꺼내 보았다. 아까 진영이의 말처럼 신호가 잡히지 않았다. 지금 시간도 알 수 없었다. 잠시 숨을 돌리자 원래 세상의 일들이 떠올랐다. 그런데, 이 세계로 들어오기 전에 왔던 읽지 않은 메시지가 하나 있었다.

소희야! 혹시 어렸을 때 마지막으로 오믈렛을 먹었던 게 몇 살 때인지 기억나니? 짐작 가는 부분이 있어서… 꼭 답해줘!

현수의 문자였다. 그러고 보니, 할머니 일에 정신이 팔려서 엄마가 사라진 것은 깜박 잊고 있었다. 현수는 갑자기 마지막으로 오믈렛을 먹었던 시기를 물었다.

잘 생각해 보니, 아주 오래전 일이다. 이혼하기 전에 엄마가 아빠와 함께 살고 있던 시기였다. 그러니까 정확히 일곱 살 때가 마지막인 것 같았다. 하지만 현수에게 답장을 보내려 해도 이곳에서는 보낼 수가 없었다.

'마지막으로 오믈렛을 먹은 시기를 왜 궁금해하는 걸까?'

좀 더 생각해 보려 했으나 너무 피곤해서 그만 잠이 들고 말았다. 그렇게 잠시 간의 휴식을 취한 후 소희 일행은 다시 길을 나서기 시작했다.

제7편
소인수의 숲

어느새 밤이 되어 숲속은 어두워졌다. 어두운 오솔길을 지나자 멀리 반짝이는 것들이 보이기 시작했다. 점점 가까이 다가가자 나무들 사이로 형광빛이 나는 해파리 같은 것들이 느린 속도로 둥둥 떠다니고 있었다.

"대체 저게 뭐야?"

그들 앞에는 작은 팻말이 하나 서 있었다. '소인수의 숲'. 저 괴상한 해파리들이 사는 숲의 이름이었다.

"여기서는 특히 주의해야 해요. 조심하지 않으면 전기에 감전되고 말 거예요."

님프의 말에 모두 귀를 기울였다.

"저놈들 몸에 닿으면 감전된다는 말이야?"

치비의 질문에 님프가 고개를 저었다.

"아니, 모든 종류가 다 위험한 건 아니에요. 몸을 잘 봐 봐요. 숫자가 보이죠?"

님프의 말대로 둥둥 떠다니는 해파리들의 몸에는 숫자가 적혀 있었다. 7, 25, 31, 35 등등.

"저들 중에 반 정도는 '소수'예요. 소수인 아이들 몸에서만 전류가 흘러요. 그러니 절대 몸에 닿아서는 안 돼요. 하지만 소수인 놈들은 공격성이 전혀 없어요. 그러니 조용히 지나치면 돼요. 혹시 옆으로 다가오더라도 그냥 모른 척하면 돼요. 자기 갈 길을 가는 것뿐이니까요."

모두 고개를 끄덕였다.

"그럼 나머지 반은 어떤 놈들이죠?"

진영이의 질문에 님프가 다시 입을 열었다.

"나머지 반은 '합성수'라는 아이들이에요. 이 아이들은 처음 보는 생명체에 대한 호기심이 매우 강해요. 여러분에게 빠르게 달려들 확률이 높아요."

"합성수는 전류가 흐르는 건 아니라는 거지? 그럼 그렇게 위험한 건 아니지?"

치비가 별거 아니겠다는 듯이 묻자 님프가 눈을 동그랗게 뜨고 말했다.

"아니, 그래도 위험해요! 합성수가 여러분한테 들이대기 시작하면 그 힘을 당해낼 수 없을 거예요. 힘이 굉장히 강하거든요. 그러면 뒤로 밀릴 수밖에 없을 거고 지나가던 소수에 닿을 수도 있어요. 의도치 않게 전기에 감전될 수 있다는 거죠."

"아…."

다들 잔뜩 긴장한 표정이 역력했다.

"그럼 합성수가 덤비면 어떡해야 하죠? 피하는 수밖에 없는 건가요?"

소희의 난처해 보이는 표정에 님프가 걱정하지 말라는 듯이 대답했다.

"아니, 합성수들은 분해시킬 수 있어요. 분해시켜서 소수로 만들면 공격성이 사라져요."

"부… 분해?"

진영이가 놀라서 되물었다.

"네! 예를 들어, 6이라는 숫자를 생각해 봐요. 6은 합성수예요. 6은 뭐랑 뭐의 곱으로 만들어질 수 있죠?"

갑작스러운 질문에 잠시 정적이 흘렀다. 곧이어 치비가 대답했다.

"6이라면 2와 3, 2×3=6이니까."

"네, 맞아요. 2와 3이죠. 이렇게 합성수들은 다른 두 자연수의 곱으로 쪼갤 수 있어요."

"아, 그럼 우리 힘으로 합성수를 쪼갤 수 있는 거야?"

"네, 맞아요. 합성수가 몸에 닿는 순간, 그들을 분해해 버릴 수 있는 숫자들을 말하면 돼요. 그러면 쪼개지면서 공격을 멈출 거예요."

소희와 진영이도 이제 조금 이해가 가는 것 같았다. 치비는 이미 앞으로 나갈 채비를 하고 있었다.

"근데, 소수는 정확히 뭐야? 쪼개지지 않는 건가?"

"응, 그렇지. 예를 들어, 2나 3을 생각해 봐. 쪼갤 수 있을까?"

진영이가 잠시 생각에 빠졌다.

"아니. 없는 것 같아."

"그럼 5나 7은 어때? 이런 숫자들도 2나 3으로 나눠봐도 안 나누어지지? 5나 7도 소수라 볼 수 있지."

치비가 소희와 진영이에게 소수에 대해 차근차근 알려 주었다.

"음, 대충 감이 오는 것 같아. 그럼 9는? 9도 소수지?"

진영이의 질문에 치비가 세차게 고개를 저었다.

"아니지, 9는 3과 3의 곱이잖아. 합성수야."

"헉. 맞네. 9는 합성수니까 우리에게 달려들겠구나. 큰일 날 뻔했네."

모두 어느 정도 개념이 잡혔다고 생각했다. 이제 숲속을 통과해 지나가야 할 시점이었다. 워낙에 많은 해파리가 날아다니고 있었기 때문에 모두 한곳에 모여서 지나기는 어려워 보였다. 각자 흩어져서 통과하는 편이 낫겠다고 판단했다.

먼저 소희 앞으로 11이 쓰인 해파리가 다가오고 있었다. 잘 판단해야 했다. 소수라면 그냥 지나칠 것이고, 합성수라면 소희에게 달려들 것이다.

'11을 나눠보자. 2로 나눠도 안 떨어지고, 3으로 나눠도 안 되고….'

소희는 머릿속으로 빨리 계산해 보기 시작했다. 4나 5로 나눠도 안 떨어지는 것 같았다. 아무래도 소수라 생각되었다. 그렇다면 자신을 공격할 리가 없었다. 살짝 옆으로 피한 다음 천천히 앞으로 나아가면 된다. 소희는 불안한 마음에 숨도 참으면서 걸어 나갔다. 다행히 11이 쓰인 해파리는 소희 옆으로 무심하게 지나쳤다. 11은 소수인 것이다.

한편, 치비는 일부러 인간 세계에서처럼 다시 네발로 걸었다.

네발로 걸으면 몸 높이가 낮아져서 웬만해서는 떠다니는 해파리와 닿을 일이 없었다. 일부러 자신을 공격하는 경우를 제외한다면 말이다. 치비 앞쪽으로 21이 쓰인 해파리가 나타났다. 사실 소희 할머니 옆에서 수학을 곁눈질하여 배운 지만 10년이다. 그런 치비에게 소수와 합성수 구분은 그리 어려운 일이 아니었다.

'21이라면 3과 7을 곱해서 나오는 수니까 당연히 합성수지. 나에게 곧 달려들겠군.'

치비의 예상대로 21이 쓰인 해파리는 갑자기 방향을 틀더니 치비가 있는 아래쪽으로 돌진하기 시작했다. 치비는 심호흡을 하고 해파리가 몸에 닿기를 기다렸다. 잠시 뒤, 해파리가 닿자마자 '3과 7'을 크게 외쳤다. 그러자 순식간에 커다랗던 해파리는 3과 7이 쓰인 작은 해파리 둘로 쪼개졌다.

'합성수를 이렇게 소수로 나누는 것을 소인수분해라 하지. 그래서 여기가 소인수의 숲이구나.'

치비의 표정이 밝았다. 한편, 진영이는 솔직히 아직 소수와 합성수를 정확히 구별할 자신이 없었다. 불안한 마음으로 한 발씩 내딛던 찰나에 아주 작은 해파리가 눈앞에 보였다. 1이 쓰인 해파리였다.

'잠깐. 1은 뭐지? 나뉠 수가 없을 테니 합성수는 아닌 것 같은

데. 그렇다면 소수?'

진영이로서는 정확히 알 수 없었다. 하지만 적어도 합성수는 아니라 생각하여 두 눈을 질끈 감고 해파리가 가는 방향 옆으로 살짝 비켰다. 합성수가 아니라면 적어도 자신을 공격하지는 않을 것이다.

그때, 1이 쓰인 해파리가 방향을 틀었다. 진영이에게 점점 다가오는 것이었다. 옆에 있던 치비가 이 모습을 보았다.

"진영아, 해파리가 너한테 다가오고 있어. 혹시 합성수 아니야? 뭐라고 쓰여 있어?"

해파리가 워낙 작아 치비에게는 숫자가 보이지 않았다. 진영이가 다시 눈을 떴다. 해파리가 자신에게로 다가오고 있었다. 왜 자신에게 오는 건지 알 수 없었다.

"1이라고 쓰여 있어. 1은 합성수가 아니잖아. 근데 왜 나한테 오는 거지?"

"1은 소수도 합성수도 아니야. 자연수 중에 소수도 합성수도 아닌 것은 오직 1뿐이야. 특별한 놈이지. 사실 아까 님프가 1에 대해서는 말하지 않았어. 근데, 적어도 위험하다고는 하지 않았으니 괜찮을 거야!"

치비가 말하는 동안 놀라운 일이 벌어졌다. 1이 쓰인 해파리는 그대로 진영이의 몸에 닿았다. 하지만 마치 투명한 존재처럼 진영이의 몸을 그대로 통과해서 지나쳐 버렸다.

"진영아, 괜찮아?"

치비가 물었다. 해파리가 자신의 몸을 통과하는 순간, 진영이는 뭔가 이상한 기분이 들었다. 마치 어떤 기운이 자신의 몸 안으로 들어오는 것만 같았다. 하지만 곧 그 기운은 다시 사라진 듯했다.

"어, 괜찮은 거 같아. 무슨 일이 일어난 거지?"

"이따 님프한테 다시 물어보자. 우선, 별일은 없는 것 같아."

진영이는 약간 토할 것 같으면서 울렁거리는 기분을 억누르고 있었다. 태어나서 처음 겪어 보는 일이었다.

한편, 소희의 눈앞에는 20이 쓰인 해파리가 다가오고 있었다.

'20이라면 2×10으로 나누어지니까 당연히 합성수겠지.'

처음 합성수와 만나는 소희는 조금 긴장했다. 하지만 차분하게 해파리가 몸에 닿기를 기다렸다. 그래야 분해할 수 있기 때문이다.

"2와 10!"

해파리가 몸에 닿자마자 소희가 큰 소리로 말했다. 그러자 커다란 해파리가 둘로 나뉘었다. 성공했다고 안심하고 있을 때였다.

"소희야, 조심해!"

치비의 목소리를 듣고 옆쪽을 보니 2와 10으로 나뉜 해파리 중에 10이 쓰인 해파리가 다시 소희에게 달려들고 있었다.

"뭐, 뭐야? 왜 다시 또 오는 거야?"

"그놈은 쪼개졌어도 여전히 합성수라서 그래! 한 번 더 분해시켜 버려!"

치비의 말을 듣고 잘 생각해 보니 20이 2와 10으로 나뉘었다고 해도 2는 소수지만 10은 여전히 합성수였던 것이다. 어느새 해파리가 소희의 몸에 닿아 소희를 뒤로 밀고 있었다. 소희의 뒤쪽에는 2가 쓰인 해파리가 있었다. 이대로 밀리다가는 소수인 2가 쓰인 해파리에게 감전되고 말 것이다.

'10은 2와 5의 곱이니까….'

소희가 큰 소리로 '2와 5'를 외쳤다. 다행히 뒤에 있던 전기 해파리의 몸에 닿기 전에 합성수 10이 쓰인 해파리도 분해되고 말았다. 소희는 안도의 한숨을 내쉬었다.

점차 소수와 합성수의 개념에 익숙해진 아이들은 능숙하게 소인수분해를 해나가며 '소인수의 숲'을 통과했다. 다행히 누구도 전기에 감전되는 일은 없었다. 무사히 빠져나오자 모두 서로의 손을 맞잡고 크게 위로 들어 올렸다.

이미 한밤중이 되어 주변은 온통 어두웠다. 멀리서 짐승의 울음소리 같은 것이 들렸다.

"우리, 잠은 어디서 자는 거죠?"

진영이의 물음에 님프가 당황한 듯한 표정을 지어 보였다.

"음…, 사실 잘 곳이 따로 있는 것은 아니에요. 생각해 보니, 여기서 조금 더 가면 작은 동굴이 하나 있어요. 괜찮다면 거기서 잠깐 눈을 붙이는 건 어떨까요?"

님프의 제안에 모두 동의했다. 사실 님프 말고는 이곳에 대해 전혀 모르고 있었기 때문이다. 님프는 동굴의 상태를 확인하러 간다면서 먼저 날아가 버렸다. 님프의 모습이 완전히 사라진 것을 확인하더니 치비가 속삭이듯 말했다.

"님프의 말을 모두 믿어도 될까?"

"응? 갑자기 무슨 말이야?"

소희가 놀라서 되물었다.

"그러니까… 우리를 지금 이분인가 그분한테 데려간다고 했잖아. 과연 믿어도 되는 건가 해서…."

진영이는 아무 표정 없이 입을 굳게 다물고 있었다.

"그래도 님프 덕분에 여기까지 무사히 왔잖아."

소희는 님프에 대해 별다른 의심을 하지 않고 있었다.

"그게 아니라 만약 우리를 생포해서 잡아가려는 의도라면?"

치비의 말을 듣고 소희의 온몸에 소름이 확 돋았다. 설마 저렇게 천사 같아 보이는 님프가 그런 나쁜 의도를 숨기고 있는 걸까?

진영이는 여전히 알 수 없는 표정을 하고 있었다. 마침내 진영이가 무언가 말을 꺼내려는 찰나에 멀리서 님프의 모습이 보이기 시작했다. 그는 이내 다시 입을 다물었다.

제8편

거인족
배수 형제들

소희 일행은 님프의 안내에 따라 작은 동굴로 향했다. 다행히 최근에 다른 짐승이나 요괴가 여기서 지냈던 흔적은 보이지 않는다고 했다.

"하지만 동굴에서 잠을 자고 있으면 밤중에 누군가가 침입할 수도 있어요."

님프의 말에 의하면 이곳 툴리아에서 완전히 안전한 곳이란 없었다.

"그래서 한 명씩 돌아가면서 불침번을 서는 게 좋을 것 같아요. 한 명은 잠을 안 자면서 혹시 누군가가 다가오는지 살펴보는 역할을 하는 거죠."

푹 잘 수 없다는 사실이 아쉬웠으나 위험한 상황을 피하는 것이 우선이므로 모두 동의했다. 소희, 진영, 치비, 님프의 순서로 불침번을 하기로 했다.

　얼마 뒤 도착한 동굴은 약간 낮은 언덕 위에 있었다. 소희는 이 정도면 하룻밤 묵기에는 나쁘지 않겠다고 생각하였다. 님프는 평소 나무에서 잠을 잔다면서 인사를 한 뒤 근처에 있는 나무 위로 올라갔다. 진영이와 치비는 잠을 청하러 동굴 안으로 들어갔다. 이제 소희 혼자 동굴 앞에 남아 불침번을 서야 했다.

　'생각보다 좀 무서운데….'

　아무것도 보이지 않는 숲속에 혼자 있는 것은 대단한 용기가 필요한 일이었다. 소희는 멀리서 바스락거리는 작은 소리에도 깜짝 놀라곤 하였다. 얼마나 시간이 흘렀을까. 소희 뒤쪽에서 발걸음 소리가 들리기 시작했다. 소희는 놀란 가슴을 진정하고 바위 뒤쪽으로 숨어 상대의 정체를 파악하기 위해 눈을 부릅떴다.

　"소희야."

　익숙한 목소리였다. 다름 아닌 진영이가 동굴에서 걸어 나온 것이다.

　"아, 깜짝이야. 너였구나. 아직 교대할 시간은 아니지 않아?"

　"잠이 안 와서 그냥 나왔어."

　진영이의 표정이 그다지 밝지 않아 보였다.

"아까 그 1이 쓰인 해파리가 내 몸을 통과했잖아. 그 이후로 뭔가 가슴이 두근거리고 눈이 말똥말똥해진 기분이야."

"대체 무슨 일이지? 아침이 되면 님프한테 물어보는 게 좋겠어. 왜 그런 건지…."

소희와 진영이는 바위 위에 나란히 앉았다. 30분 뒤 교대 시간까지 같이 있기로 했다.

"엄마는 안 보고 싶어?"

"나 엄마 없어."

소희의 질문에 진영이가 정면의 숲속을 바라보며 담담한 어조로 말했다.

"아, 미안."

"미안할 거 없어. 넌 엄마 보고 싶구나?"

소희는 자신이 어쩌다 여기까지 오게 되었는지 얘기해 주었다. 진영이는 현수가 보낸 문자에 관심을 보였다.

"그러니까 오믈렛을 마지막으로 먹었던 게 7살 때라는 거지? 그리고 7년 만에 엄마가 갑자기 요리해 주신 거고?"

"응, 맞아."

"부모님이 이혼하신 것도 7살 때랬지?"

소희는 말없이 고개를 끄덕였다.

"혹시 그러면 이번에 오믈렛을 만들어 주신 게 너희 아빠 아닐까?"

진영이의 생각지도 못했던 말에 소희의 눈이 동그랗게 커졌다.

"그러니까 내 생각엔 말이야. 아빠가 엄마를 데리고 어디론가 가신 거야. 그런데, 너한테 아침밥은 차려 줘야 했겠지. 그래서 옛날 생각을 해 본 거야. 네가 좋아하는 음식 중에 오믈렛이 떠올라서 그걸 만들어 놓으신 거지. 자기가 직접 편지를 쓴다면 글씨체 때문에 알아볼 수 있으니까 컴퓨터로 엄마가 쓴 것처럼 쓰신 거고."

소희로서는 믿기 어려운 충격적인 추측이었다.

"근데, 오믈렛 맛이 엄마가 만든 거랑 똑같았는데?"

"음, 그 오믈렛의 레시피는 원래 너희 아빠 것일 수도 있지. 그러니까 너희 아빠가 엄마한테 알려 주었던 레시피를 엄마가 따라 하셨던 거야. 그러면 이번엔 아빠가 만들더라도 맛이 당연히 비슷하겠지? 엄마는 이혼한 뒤로 아빠가 알려준 레시피를 쓰고 싶지 않으셔서 오믈렛을 더 이상 만들지 않으셨던 거고."

소희 생각에도 진영이의 추리가 어느 정도 일리가 있는 것처럼 보였다. 하지만 갑자기 아빠가 나타나서 엄마를 데리고 갔다는 부분에 대해서는 동의하기 어려웠다.

"혹시 실례가 아니라면….."

진영이는 소희 부모님이 이혼한 이유에 대해 궁금했다. 그것이 사건의 중요한 단서가 될 수 있으리라 생각했다. 그때, 쿵쿵거리는 소리와 함께 사람 목소리가 들렸다.

"갑자기 뭐지? 한 놈이 아닌 거 같은데."

그 소리는 점점 더 소희와 진영이 주변으로 가까워지는 느낌이 들었다. 둘은 소리가 나는 방향으로 몸을 틀었다. 그곳에는 두 명의 거인들이 짓궂은 얼굴로 서로를 때리며 싸우고 있었다.

"이 주변에 거인이 산다고 했었나?"

"거인족 배수 형제들이에요!"

진영이가 소희한테 물어본 질문에 갑자기 님프가 나타나서 대답했다. 님프도 거인들의 발소리를 듣고 잠에서 깬 것이다.

"형제들인데 왜 저렇게 서로를 때리고 싸우는 거죠?"

"원래 형제들끼리 잘 싸우잖아! 나도 형이랑 맨날 싸워."

이번에는 소희의 질문에 진영이가 대답했다. 거인들을 잘 살펴보니 한 명은 키가 3m가량으로 더 컸고, 나머지 한 명은 2m가량으로 좀 작았다.

"거인족들은 저렇게 키 차이가 나면 매번 싸워요. 주로 키가 큰 형이 작은 동생을 괴롭히죠."

"아, 불쌍해."

소희는 동생이 주로 얻어맞는 모습을 보고 가엽다고 생각했다. 키가 큰 형은 긴 팔을 이용하여 동생의 머리를 마구 쥐어박고 있었다.

"우리가 도와줄 방법은 없을까요?"

"음…."

님프는 잠시 망설이는 듯했다.

"사실 저들은 우리를 공격하진 않을 거예요. 자기들끼리만 치고받고 싸우는 거죠. 굳이 싸움에 끼어들 필요는 없어요."

"그래도 이대로 두면 동생이 불쌍하잖아요!"

이번에는 진영이가 거들었다. 사실 집에서 형이랑 자주 싸우는 편이라 남 일 같지 않아 보였다.

"정 그렇다면 방법을 알려줄게요."

님프가 어쩔 수 없다는 듯한 표정으로 말했다. 그녀의 말에 의하면 거인족들은 엄지발가락을 밟아주면 몸집이 더 커진다고 하였다.

"지금 동생의 키가 2m지요. 엄지발가락을 한 번 밟아줄 때마다 2m씩 키가 커져요. 2의 배수로 커지기 때문에 배수 형제라 부른 거죠."

"그러면 한 번만 밟아주면 4m가 되겠네요? 그럼 더 이상 형이 괴롭히지 못하겠네요."

진영이는 생각보다 쉽게 문제를 해결할 수 있겠다고 생각했다.

"그런데, 문제가 있어요."

님프의 말에 의하면 2m인 동생의 엄지발가락을 밟아 4m로 만들면 이젠 키가 더 커진 동생이 3m인 형을 괴롭힌다는 것이다.

"그럼 다음엔 형의 발가락을 밟아줘야 하는 건가요? 형도 2m씩 크나요?"

"아니에요. 형은 원래 키가 3m니까 한 번 밟을 때마다 3m씩 커져요. 3m, 6m, 9m 이런 식으로 3의 배수로 커지는 거죠."

결국, 두 거인이 싸우지 않기 위해서는 키가 똑같아야 했다. 그리고 키가 너무 커지면 숲속의 나무나 수풀을 다 밟아버릴 수 있으므로 최소한으로 키를 키우면서 똑같게 만들어 줄 방법이 필요했다.

"자, 그럼 생각해 보자. 일단, 형부터… 3의 배수로 커진다고 했으니까 3, 6, 9, 12, 15, 18… 이런 식으로 커진다는 거잖아."

진영이가 형에 대해 말했다.

"응, 맞아. 동생은 2의 배수로 커지니까 2, 4, 6, 8, 10, 12… 이런 식이겠지."

소희는 동생에 대해 말했다.

"그럼 가장 빨리 최소로 키가 같아지는 것은 6인 거 같아!"

"맞아요. 그게 바로 최소공배수라는 거예요. 최소로 배수 형제들의 키를 똑같게 만드는 마법의 숫자죠."

님프가 최소공배수라는 개념에 대해 정리해 주었다.

"그러네. 그럼 키를 둘 다 6m로 맞춰 주면 더 이상 싸우지 않을 거야. 우선, 형은 3m니까 엄지발가락을 한 번 밟으면 6m가 될 거야."

"동생은 한 번만 밟아선 안 될 거 같아. 원래 2m인데, 4m, 6m까지 되려면 두 번은 밟아줘야겠지?"

소희는 동생을, 진영이는 형의 엄지발가락을 밟아 주기로 했다. 이번에는 무엇보다 정확한 횟수가 중요했다. 혹시라도 더 많이 밟는다면 꼬여 버려서 다시 키를 맞추기가 어려워질 수 있었기 때문이다.

배수 형제들은 자기들끼리 싸우느라 정신이 없었다. 소희와 진영이가 각각 형과 동생의 뒤쪽에서 몰래 그들에게 접근했으나 전혀 눈치채지 못하고 있었다.

먼저 소희가 동생 발 근처로 다가가서 엄지발가락을 가볍게 두 번 밟았다. 동생의 키는 금세 2m에서 4m, 4m에서 6m로 커졌다. 계속 얻어맞던 동생이 갑자기 키가 커지자 형의 머리를 마구 때리기 시작했다. 형은 당황하여 양손으로 머리를 감쌌다.

이제는 진영이 차례였다. 얼른 형의 엄지발가락을 가볍게 밟았다. 그런데 이상한 느낌이 들었다. 별로 힘을 주지도 않는데 엄청 강하게 밟았다는 느낌이 들었다.

순식간에 배수 형의 키는 3m에서 6m로 커졌다. 진영이에게 밟힌 엄지발가락이 너무 아파서 순간적으로 발을 높이 들어 올렸다. 진영이는 균형을 잃고 넘어지면서 자기도 모르게 배수 형의 엄지발가락을 다시 한번 손으로 눌렀다. 결국, 배수 형의 키는 한 번 더 커져서 9m가 되고 말았다.

소희는 진영이가 넘어지는 모습을 보며 사태의 심각성을 깨달았다. 동생보다 커진 형은 다시 동생 머리를 마구 때리며 반격하기 시작했다.

'이걸 어쩌지? 형이 9m가 되어 버렸어. 동생은 지금 6m인데 내가 한 번 더 엄지발가락을 밟아도 8m가 될 테고 두 번 밟으면 10m가 되어 오히려 형보다 커져 버릴 거야.'

소희는 어찌해야 할지 몰라 고민에 빠졌다. 그때였다.

"최소공배수의 배수를 생각해 봐요!"

멀리서 님프가 소리쳤다.

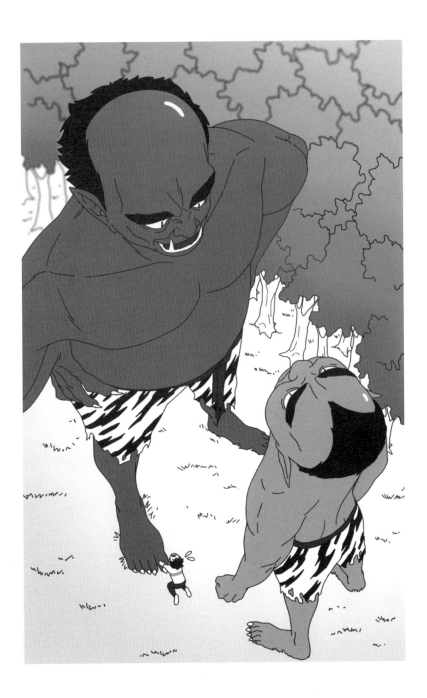

'최소공배수의 배수?'

소희는 뭔가 복잡해 보인다고 생각했다. 일단, 배수 형제의 최소공배수는 6이다. 그렇다면 최소공배수인 6의 배수를 말하는 건가? 6의 배수는 6에 1, 2, 3, 4 등을 차례로 곱하면 된다. 구구단 6단과 같다. 그러니까 6, 12, 18, 24 순서로 커진다. 그렇다면 6 다음으로 큰 숫자는 12가 된다.

'이미 배수 형이 9m가 되어버렸으니 6m로 똑같이 맞추는 건 불가능해. 그렇다면 다음으로 같아지는 건 12m야.'

"진영아, 한 번 더 밟아줘!"

소희가 큰 소리로 외쳤다. 잠시 흙바닥에 넘어져 있던 진영이는 소희의 말을 듣고 얼른 자리에서 일어났다. 알았다고 외친 후에 바로 배수 형의 발로 향했다.

소희 역시 배수 동생의 키를 12m로 만들어야 했다. 그러려면 세 번을 더 밟아야 했다.

소희가 다시 동생의 발 주변으로 다가가 연속으로 세 번 엄지발가락을 밟았다. 동생의 키는 순식간에 6m에서 8m로, 10m로, 12m로 커졌다. 배수 형이 당황하는 모습이 보였다.

진영이도 이번에는 절대 실수하지 않겠다는 마음으로 배수 형의 발 위로 한 번 점프를 뛴 후에 바로 수풀 속으로 뛰어내렸다.

배수 형의 키도 9m에서 12m로 커졌다. 결국, 형제간의 키가 완전히 똑같아졌다.

"성공이야!"

수풀 속에 넘어진 채로 진영이가 엄지손가락을 들어 올렸다. 소희도 진영이를 향해 활짝 웃으며 엄지손가락을 치켜세웠다. 키가 같아진 배수 형제에게 더 이상의 다툼과 갈등은 없었다. 둘은 마치 원래 친했다는 듯이 어깨동무를 하고 유유히 숲속 깊은 곳으로 사라졌다.

숲속이 다시 고요해졌다. 나뭇가지 위에서 그들의 모습을 지켜보고 있던 붉은 새가 한 마리 있었다. 배수 형제의 싸움이 끝난 것을 보더니 어디론가 서둘러 날아가 버렸다.

"잠들 안 자고 무슨 일이야?"

동굴 안쪽에서 치비가 눈을 비비며 나타났다. 소희와 진영이는 치비에게 다가가 밤새 있었던 일을 이야기했다. 치비도 엄지손가락을 높이 치켜세웠다. 어느새 새벽이 되어 서서히 날이 밝고 있었다. 치비가 이제 불침번을 서 주기로 하여 소희와 진영이는 잠시나마 눈을 붙일 수 있었다. 님프도 다시 나무 위에서 쉬기 위해 날아갔다.

제 9편

붉은 까마귀와 약수

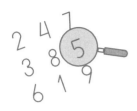

치비가 2시간 정도 불침번을 서며 망을 보고 있을 때였다. 새로운 세계로 오고 나서 많이 피곤했던 탓인지 잠이 오면서 눈꺼풀이 감기려 하고 있었다. 어디선가 두 마리의 붉은 까마귀들이 날아와서 치비 앞에 앉았다.

"너희들 뭐야?"

갑자기 잠이 확 깬 치비가 네 발로 서더니 날카로운 송곳니를 드러내면서 꼬리를 바짝 세웠다.

"우리는 너를 해치러 온 것이 아니다. 아까 본 인간 소년과 소녀를 만나러 왔다."

두 마리의 까마귀 중에 덩치가 작은 편인 까마귀가 말했다.

"무슨 일로?"

"그건, 직접 만나서 이야기하고 싶은데…."

치비는 그들이 수상해 보인다고 생각하여 경계를 늦추지 않았다.

"무슨 일이야?"

동굴에서 진영이가 걸어 나오며 말했다. 아마도 밖이 소란스러워 깬 모양이었다.

"부탁이 있어서 왔소."

이번에는 양 날개를 펴면 족히 5m는 될 커다란 붉은 까마귀가 정중하게 고개를 숙이며 말했다. 진영이 뒤로 소희도 졸린 눈을 비비며 걸어 나왔다.

붉은 까마귀들은 소희와 진영이가 배수 형제의 싸움을 말리는 모습을 보고 감명을 받았다고 말했다. 사실 자신들도 지금 푸른 까마귀들과 싸우는 중인데 화해할 수 있게 도와 달라는 것이었다.

"근데 왜 싸우고 있는 거죠?"

"우린 사실 붉은색, 푸른색 상관없이 다 같이 어울리며 평화롭게 지내고 있었소. 그런데 '그분'이 우리 붉은 까마귀에게만 '까마귀의 숲'을 다스리는 역할을 주면서 문제가 발생했소. 푸른 까마귀들은 자신들에게도 똑같은 능력이 있다면서 차별당하는 걸

억울하게 생각했소. 그러더니 점점 우리 붉은 까마귀들을 뒤에서 욕하거나 괴롭히면서 사이가 멀어지게 되었소."

거대한 붉은 까마귀가 말을 하는 동안 님프도 나무에서 내려와서 이야기를 듣고 있었다.

"지금 그렇게 싸우는 게 '그분' 때문이라는 건가요?"

지금까지 항상 다정하고 상냥했던 님프가 처음으로 차가운 말투로 끼어들었다.

"아니요. 꼭 그렇단 것은 아니오. 원인은 무엇이든 상관없소. 우린 다시 예전처럼 지내고 싶을 뿐이오."

거대한 붉은 까마귀는 님프의 예상치 못한 등장에 당황한 것처럼 보였다.

"직접 가서 다시 사이좋게 지내자고 얘기하면 안 되나요?"

소희가 눈을 동그랗게 뜨고 순진한 표정으로 까마귀들에게 말했다.

"그것도 물론 시도해 봤소. 그런데, 푸른 까마귀들은 우리가 나타나기만 해도 위협을 느끼는 것 같소. 우리가 다가가면 잡아먹을 것처럼 부리를 벌리며 덤벼들고 있소. 그래서 대화를 해 보기도 전에 물러서고 말았소."

거대한 붉은 까마귀의 말에 의하면 자신이 붉은 까마귀 중에 대장 역할을 하고 있었다. 그는 양 날개를 폈을 때 5m가 되어 무리 중 가장 거대했다. 붉은 까마귀 중에는 양 날개를 폈을 때 2m가 되는 까마귀 두 마리가 더 있었다. 나머지 붉은 까마귀들은 다 1m 정도로 작았다.

"우리 까마귀들은 양 날개를 폈을 때의 길이로 힘을 나타내오. 내가 5m, 그리고 여기 있는 이 친구가 2m, 또 한 마리 2m인 친구까지 세 마리의 힘을 곱하면 $5 \times 2 \times 2 = 20$이 되오. 나머지 붉은 까마귀들은 어린 새끼들이고 1m라서 힘을 곱해도 그대로 20이오."

"그럼 푸른 까마귀들은 힘이 얼마나 강하죠?"

"푸른 까마귀 중 대장은 3m가 되오. 그리고 2m인 까마귀들이 세 마리나 있소. 나머지는 모두 새끼라서 1m이오."

"음, 그럼 푸른 까마귀들의 힘을 다 곱하면 $3 \times 2 \times 2 \times 2 = 24$가 되겠군요. 붉은 까마귀보다 전체 힘은 더 강하네요."

"그렇소. 그래서 우리가 대화를 하러 가더라도 힘으로 우리를 쫓아버리곤 하오."

대장 까마귀의 표정이 어두워 보였다.

"그럼 한꺼번에 다 가지 말고 일부만 가는 건 어떨까요? 다 같이 가니까 저쪽에서도 공격하러 온 줄 알고 같이 싸우려 하는 것일 수도 있잖아요!"

소희의 말에 2m인 붉은 까마귀가 고개를 끄덕였다.

"음, 그렇소. 그런데 우리 중에 누가 가는 것이 가장 좋을지 모르겠소."

어려운 문제였다. 누가 가서 이야기해야 붉은 까마귀들이 화해하러 왔다는 것을 알릴 수 있을까?

"소희 양, 이제 이 일에는 더 이상 관여하지 않는 게 좋을 것 같아요."

님프가 까마귀들과 소희 사이로 날아와서 말했다. 소희와 붉은 까마귀들 모두 당황스러워하는 표정이었다.

"네?"

소희가 놀란 채 물었다.

"아까 배수 형제 때도 얘기했지만 이 문제도 여러분이 인간 세계로 돌아가는 것과는 무관해요. 빨리 돌아가고 싶지 않나요? 그럼 이 일은 제쳐두고 빨리 '그분'을 만나러 가야 해요."

님프가 또 한 번 평소와는 달리 냉정한 태도를 보였다. 하지만 이번에는 치비가 이를 저지했다.

"음… 물론 빨리 우리 세계로 돌아가는 것도 중요한 일이야. 하지만 굳이 어려움을 당한 이들을 외면할 필요도 없을 것 같아."

치비의 말에 님프가 화가 난 듯 표정이 굳었다.

"그러니까 중요한 것은 이거네요. 서로에게 위협이 되지 않을 만큼만 다가가서 서로 대화하는 거죠."

치비의 말에 붉은 까마귀 대장이 고개를 끄덕였다.

"일단, 붉은 까마귀 중에 어린 새끼들을 제외하면 5m, 2m, 2m 이렇게 셋이 있다고 했죠? 반대로 푸른 까마귀 중에는 3m, 2m, 2m, 2m가 있다고 했고요. 붉은 쪽의 힘은 모두 곱하면 20, 푸른 쪽의 힘은 24네요."

붉은 까마귀 대장이 정확하다고 대답했다. 치비는 잠시 생각에 잠기더니 다시 말을 이었다.

"협상을 위해서는 20과 24 사이의 최대공약수라는 개념을 활용하면 좋을 것 같군요."

"최대공약수?"

"네, 우선, 여러분 붉은 까마귀 한 마리 한 마리는 전체 힘인 20의 약수라 생각하시면 돼요. 20을 쪼개서 나오는 숫자는 다 약수라 불러요. 우선, 5m인 대장님은 가시지 않는 게 좋아요. 저쪽 편에 5m는 없어서 위협을 느낄 수 있어요. 양쪽에 모두 있는 까마귀들만 가는 게 좋을 거 같아요. 양쪽에 공통적인 약수라 해서 공약수만 가는 거죠."

"그렇다면 푸른 까마귀 중에도 3m는 나오면 안 되겠군. 우리 붉은 까마귀 중에 3m는 없으니. 2m짜리만 서로 나가야 하는 거 아니오?"

"네, 맞아요. 그런데 길이가 똑같은 까마귀들은 최대한 서로 많이 가는 게 좋아요. 그게 최대공약수의 개념이거든요. 그래야 최대한 많은 까마귀의 의견을 서로 반영할 수 있으니까요."

붉은 까마귀들이 과연 그렇다는 듯이 고개를 끄덕였다.

"그렇다면 우리 붉은 까마귀 쪽에는 2m가 두 마리 있고, 저쪽 푸른 까마귀에는 2m가 세 마리 있으니 최대한 똑같이 맞추려면 두 마리씩만 나오는 게 맞겠군."

"네 맞아요. 그러면 2m×2m 두 마리니까 힘이 4가 되죠. 지금 붉은 까마귀의 힘 20과 푸른 까마귀의 힘 24 사이의 최대공약수 는 4가 되는 거죠. 서로 힘의 균형을 이룰 수 있는 것은 최대 4라 는 말이죠."

소희와 진영이는 눈이 휘둥그레진 채 치비가 말하는 모습을 가만히 지켜보고 있었다. 순식간에 복잡한 문제를 해결한 것 같 았다.

님프는 치비가 못마땅한 듯 보였다. 하지만 그가 말하는 내용

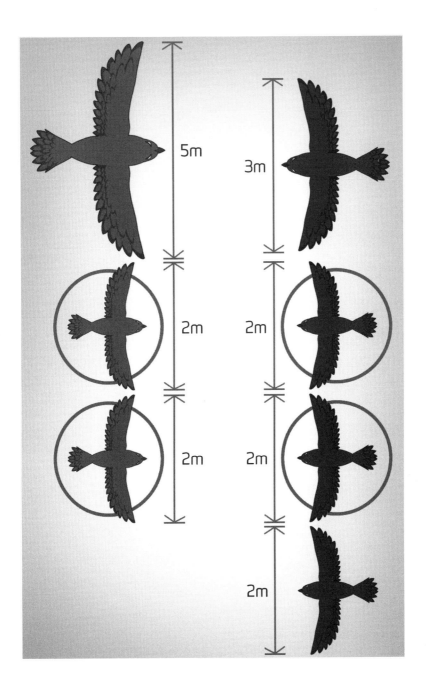

에는 동의하는 것처럼 보였다.

"아, 이 은혜를 어찌 갚아야 할지…, 정말 고맙소. 고양이 양반."

붉은 까마귀 대장은 깊숙이 고개 숙이며 치비에게 감사의 인사를 표했다. 대장 까마귀 뒤에 있던 작은 까마귀가 갑자기 뒤쪽에 있는 나무로 날아갔다. 그러더니 생선 한 마리를 입에 물고 왔다.

"우리가 아침에 먹으려고 잡아둔 건데 '토어'라고 부르오. 땅속에 사는 생선인데, 담백한 맛이 일품이니 한번 맛보시기 바라오."

치비가 가장 좋아하는 음식이 바로 생선이었다. 하지만 이 생선은 처음 보는 종류라 조금 꺼림칙했다. 그래도 성의를 생각하여 받아 두었다. 붉은 까마귀들은 다시 한번 감사 인사를 하고 숲의 저편으로 날아갔다.

까마귀들이 시야에서 완전히 사라진 시점이었다. 소희는 무심코 옆에 있던 진영이를 보고 깜짝 놀랐다.

"진영아, 너 괜찮은 거야? 얼굴이 엄청 빨개."

소희의 말처럼 진영이의 얼굴뿐만 아니라 온몸에서 열이 나기 시작했다. 치비도 걱정 어린 눈으로 진영이를 바라보았다.

"님프, 왜 이런 거예요? 아까 1이 쓰인 해파리가 몸을 통과했는데 그때 이후로 몸이 점점 이상해져요."

진영이의 숨도 점점 가빠졌다. 님프가 진영이의 이마로 날아가더니 작은 손을 올려보았다. 후끈후끈한 열기가 느껴졌다. 그러더니 님프는 잠시 머뭇거리면서 무언가 생각하는 것 같았다.

"아, 그런 일이 있었군요. 그 숲에서 가끔 일어나는 일이에요. 아마 진영 군에게 지금까지 없었던 특별한 능력이 생겼을 수 있어요. 근데 몸에서 아직 그것을 받아들이기 힘들어하는 것 같군요. 일단 몸의 열을 식힐 수 있는 곳으로 안내할게요."

모두 진영이를 부축하며 다시 발걸음을 옮겼다.

제10편

유리수 마을과
모래시계

소희 일행은 작은 오솔길을 따라 숲속을 계속 걸었다. 숲길의 양쪽으로는 커다란 나무들이 빽빽하여 어두운 그늘을 드리우고 있었다. 언제 산짐승이 나타나도 이상하지 않을 정도였다.

"저쪽 방향 같아!"

그러다 점점 저만치 앞에서 빛이 보였다. 빛을 보자 모두의 발걸음도 빨라지기 시작했다. 나무숲을 통과하여 나온 순간, 눈 앞에 펼쳐진 광경을 보고 모두 놀라움에 입을 다물 수 없었다. 앞으로 살면서 다시는 볼 수 없을 것 같은 희귀한 풍경이었다.

"이런 곳이 존재한다니….'

'유리수 마을'이라고 쓰여 있는 안내판 뒤로 마치 여름과 겨울이 공존하는 것 같은 풍경이 나타났다. 왼쪽 끝 편에는 바다가 있었고 그 위에는 높이 치솟은 빙산이 보였다. 하늘에는 그믐달이 떠 있었고 마치 북극곰이 나올 것처럼 추워 보였다.

하지만 오른쪽으로 갈수록 기온이 점점 올라가는 것 같았다. 오른쪽 끝에는 뜨거운 태양과 사막이 눈에 띄었다. 온몸에 땀이 나면서 불타 버릴 것 같은 풍경이었다.

일반적으로는 동시에 볼 수 없는 광경이었다. 하지만 이곳에서는 눈앞에서 빙하와 사막을 모두 볼 수 있었다.

땅에서 무언가가 바쁘게 움직이는 것 같았다. 진영이가 자세히 들여다보니 손바닥만큼 작은 생명체들이 분주히 뭔가를 들고 아장아장 걷고 있었다. 사람처럼 생겼는데 몸이 더 동글동글하고 온통 녹차 색깔이었다. 그들은 물웅덩이에서 나뭇잎에 물을 떠서 어디론가 나르고 있었다.

'이건 대체 어떤 생명체지?'

진영이는 생전 처음 보는 그들의 모습에 호기심이 생겼다. 그들 주변에는 유리로 된 모래시계 모양의 집이 수십 개 놓여 있었다. 모래시계 집은 위층과 아래층으로 나뉘어 있었다. 그 안에도 비슷하게 생긴 녹차 색의 생명체들이 꽤 많이 들어가 있었다.

"영차! 영차!"

물웅덩이에서 물을 뜬 아이들은 그 물을 모래시계 안으로 부어 주었다. 그러면 모래시계 위층에 있는 아이들이 먼저 입을 벌려 물을 받아먹었다. 밑으로 떨어지는 물은 아래층에 있는 아이들이 받아먹었다.

"발 좀 치워요. 밟힐 뻔했잖아요!"

나뭇잎을 들고 이동하다 소희 앞에 멈춰선 한 녹색 생명체가 말했다. 하마터면 소희가 무심코 밟아버릴 뻔했다.

"깜짝이야."

녹색 생명체 한 명이 신호를 보내자 다른 아이들도 소희 일행 주변으로 모여들었다. 갑자기 모여드는 모습을 보고 모두 놀랐으나 너무 작았기 때문에 별로 위협이 되지는 않았다.

"우리는 녹두 콩으로 만들어진 '수'라는 종족이에요. 내 별명은 '별이'고요. 당신들은 누구인가요? 이 세계 사람들 같지는 않은데."

소희에게 밟힐 뻔했던 '수'가 말했다.

"네, 우리는 이곳 툴리아 사람들은 아니에요. 지금 이 친구 몸에 열이 심해서 찾아오게 되었어요."

소희 일행도 간단히 자신들을 소개하였다.

"열이 심하다면 일단 음수 지역으로 가는 게 좋겠군요."

왼쪽의 추운 지역에 사는 수들은 '음수', 오른쪽의 더운 지역에

사는 수들은 '양수'라고 했다.

"'유리'로 된 모래시계 집에 사는 '수'라서 '유리수' 마을이 되었지요."

별이의 이야기를 들으며 집들을 살피던 소희가 이상한 점을 하나 발견했다.

"저기, 집에 좀 이상한 점이 있는 것 같아요. 어떤 집은 문이 있어서 '수'들이 자유롭게 다니는 것 같아요. 그런데, 어떤 집은 위쪽에 물 먹는 구멍만 있고 문이 전혀 없어요. 완전히 안에 갇혀 있어요!"

치비와 진영이도 자세히 살펴보니 소희의 말 그대로였다. 집 안에 갇혀 있는 수들은 대개 몸도 더 여위었다. 그러고 보니, 밖에 있는 수들이 물을 부어 주는 곳은 오직 문이 없는 집들이었다.

"네, 우리 '수'들은 '정수'라 불리는 호수의 물을 먹고 살아요. 그런데, 지금 집에 갇혀 있는 수들은 밖으로 나올 수가 없어요. 그래서 우리가 대신 물을 떠서 부어 주고 있어요."

뭔가 이상했다. 집이라면 당연히 문이 있어야 하는 것 아닌가? 그런데 문이 없어서 다른 이들의 도움을 받고 산다는 것 자체가 이해할 수 없었다.

"문이 없는 집에서 왜 사는 거죠?"

소희가 궁금한 마음에 물었다.

"우리 '수'들은 사실 툴리아에서 가장 작고 약한 존재예요. 지금까지 사악한 요괴들이 우리를 수없이 괴롭혀 왔죠."

별이가 슬퍼 보이는 표정으로 말을 시작했다.

"그래서 그들을 피해 이곳에 정착하게 되었어요. 여기는 조금만 왼쪽으로 가면 춥고 조금만 오른쪽으로 가면 더워요. 누구도 살기 좋은 환경이 아니죠. 그래서 다른 요괴나 짐승들을 피해 이곳으로 왔어요."

우선 자신들이 이곳에서 살게 된 이유를 이야기했다.

"그런데, 아무래도 우린 너무 약하다 보니 얼어 죽거나 열사병으로 죽는 '수'들이 점점 늘어났어요. 그래서 툴리아 전체를 주관하는 '그분'에게 부탁했어요. 우리가 죽지 않고 살 수 있게 집을 지어 달라고요."

다시 '그분'에 대한 얘기가 나오자 님프의 얼굴이 굳더니 경계하는 듯한 표정을 지었다. 치비는 님프의 표정 변화를 놓치지 않고 지켜보았다.

"그럼 저 유리로 만든 모래시계가 '그분'이 만들어준 집?"

치비가 물었다.

"네, 맞아요. 그런데, '그분'이 도저히 이해할 수 없는 행동을 했어요. 반 정도의 집에는 문을 만들어 주었는데 반 정도의 집에는 문을 만들지 않고 '수'들을 집어넣은 거죠. 마치 감옥처럼 평생 나올 수 없게요. 집에 갇히게 된 많은 수들이 울부짖으며 절규했죠. 몸이 점점 말라가기 시작했고요. 우리는 물을 마시지 않으면 곧 말라 죽어요. 그래서 갇혀 있는 이들을 위해 매일 물을 부어 주고 있어요."

치비는 '그분'의 행동에 순간적으로 분노가 치밀어 올랐다. 소희와 진영이의 표정도 썩 좋지 않았다.

"하지만 '그분'이 아니었다면 여러분은 아예 집도 없었을 거예요. 그러면 여기서 사는 것 자체가 불가능했겠죠?"

님프가 '그분'을 두둔하기 시작했다. 하지만 소희 일행 중 누구도 님프의 말에 동의하기 어려웠다.

"그럼 처음부터 문이 있는 집을 지어 주면 되잖아. 대체 왜 이런 짓을 한 거야?"

치비가 님프를 쏘아보며 말했다.

"앗, 불개다! 모두 집으로 들어가!"

치비와 님프가 서로를 노려보고 있을 때, 유난히 작고 마른 꼬맹이 '수'가 외쳤다. 그러자 갑자기 밖에 나와 있던 '수'들이 모두 모래시계 집 안으로 들어갔다.

"불개?"

소희는 어찌해야 할지 몰라 님프를 바라보았다. 님프가 걱정하지 않아도 된다는 표정을 짓고 말했다.

"불개는 몸이 굉장히 뜨거워요. 멀리서 지나가기만 해도 콩으로 만들어진 수를 녹여 버릴 수 있죠. 하지만 여러분은 잠깐 뜨거울 뿐이에요."

사막 한쪽 끝에서 빨갛게 불타오르는 개 한 마리가 나타나더니 빙산이 있는 왼쪽으로 순식간에 날아갔다. 소희 일행은 히터 앞에 앉은 것처럼 잠깐 뜨겁더니 다시 괜찮아졌다. 치비는 집 안으로 뛰어 들어간 '수'들을 바라보다 이상한 점을 발견하였다.

"소희야, 아까 저들이 마시는 물이 뭐라 그랬지?"

"정수!"

치비의 질문에 소희가 대답했다. 치비는 대단한 것을 발견했다는 듯이 흡족한 표정을 지어 보였다.

"치비! 이번에도 뭔가 알아낸 거야?"

소희가 치비에게 빨리 알려 달라고 재촉했다.

"지금 문이 달린 집이랑 문이 없는 집을 잘 비교해 봐."

치비의 말에 모두 모래시계 모양의 집들을 바라보았다. 집마다 들어 있는 '수'들의 숫자가 서로 달랐다. 어디는 위층에 더 많은 수가 있었고, 어디는 아래층에 더 많기도 했다.

"어디는 여러 명이 같이 살아서 좁아 보이고, 어디는 혼자서 공간을 다 쓰기도 하네."

진영이가 말했다.

"응, 공평하지 않은 것 같아."

소희도 거들었다. 하지만 치비는 고개를 가로저었다.

"아니 그거 말고. 혹시 정수가 뭔지 알아?"

"정수? 아까 저 물웅덩이?"

"아니 그거 말고. 정수라고 하면 보통 0, 1, 2, 3, 4 이런 숫자."

"응? 그게 원래 우리가 아는 숫자잖아."

"그럼 분수는 어떨까? $\frac{2}{3}$는 정수일까?"

"$\frac{2}{3}$는 일반적인 숫자가 아니라서 정수는 아닌 것 같아."

"응, 그러면 $\frac{6}{3}$은 어떨까?"

"그것도 분수 아니야?"

"분수는 맞지만⋯ 6을 3으로 나누면 몇이지?"

"그럼 2지."

"응, 분수라도 이렇게 나눠서 딱 떨어지는 숫자가 나오면 정수야. 지금 문이 달린 집 안에 '수'들의 숫자를 세어 봐."

치비의 말에 따라 소희와 진영이는 문이 달린 모래시계 집들을 살피었다. 위층과 아래층에 각각 $\frac{2}{2}$, $\frac{4}{2}$, $\frac{9}{3}$, $\frac{10}{5}$ 등의 '수'들이 있었다.

"계산해 보면 쉽게 알 수 있지. $\frac{2}{2}=1$, $\frac{4}{2}=2$, $\frac{9}{3}=3$, $\frac{10}{5}=2$. 잘 봐 봐. 모두 정수로 딱 떨어져. 정수인 집에는 문이 있어서 밖으로 나와 물을 뜨러 갈 수 있어."

하나하나 살펴보니, 과연 치비의 말대로였다.

"근데, 문이 없는 유리수 집들을 봐 봐. $\frac{5}{2}$, $\frac{4}{5}$ 이 두 개만 봐도 알 수 있겠지. $\frac{5}{2}$는 딱 떨어지지 않지. 2.5야. $\frac{4}{5}=\frac{8}{10}=0.8$이지."

"아, 그러네. 그럼 문이 없는 것은 정수가 아닌 유리수의 집인 거고."

유리수 마을에는 정수인 유리수와 정수가 아닌 유리수의 집이 있던 것이다.

"그렇다면 저 집들도 정수로 만들어 주면 문이 생기지 않을까?"

진영이와 소희가 치비의 말에 또 한 번 감탄했다.

"오, 치비 진짜 천재 아니야? 어떻게 그런 생각을 한 거야?"

치비는 어깨가 으쓱해졌다. 한참 말을 하는 동안 '수'들이 집에서 다시 나왔다. 불개가 사라진 것을 확인하고 나온 것이다.

"저 안에 갇힌 친구들을 꺼내줄 좋은 아이디어가 있는데 한 번 시도해 볼래요?"

치비의 말에 '수'들이 귀를 쫑긋 세웠다. 치비는 지금까지 생각한 것들을 모두 설명해 주었다. 그리고 한 가지 제안을 했다.

"결국, 정수를 만들면 저 집들에도 문이 생길 것 같아요."

"그런데, 어떻게 정수를 만들죠?"

모두 당황한 표정이었다.

"여러분이 직접 들어가야죠."

집 천장에는 물을 부을 수 있는 구멍이 있었다. 그 구멍을 통해 밖에 있는 '수'가 안으로 들어가는 것이 가능했다. 우선, 위층에 4명, 아래층에 3명이 갇힌 집 앞으로 향했다. $\frac{4}{3}$ 와 같은 형태였다.

"분자가 4, 분모가 3이네. 그럼 정수로 만들어 주기 위해 일단 위층으로 한 명이 들어가 보자. 그러면 분자가 5가 되고 $\frac{5}{3}$ 가 돼. 아직도 정수는 아니지. 분자에 1을 더 늘려주면 $\frac{6}{3}$ 이지. 6 나누기 3은 2이니까 이제 정수가 되지."

치비는 2명의 '수'가 위층으로 더 들어가야 정수가 될 수 있다고 말했다. 그리고 누가 이들을 구하기 위해 들어가겠냐고 물었다.

하지만 '수'들은 머뭇거렸다. 치비의 계획대로 집에 새로운 문이 생긴다면 다 같이 빠져나올 수 있었다. 하지만 만약 계획이

실패하여 문이 생기지 않는다면 이제부터 평생 갇힌 채로 살아가야 했다. 아무도 선뜻 먼저 나서지 않았다.

"내가 들어가 볼게."

가장 먼저 말을 꺼낸 것은 별이었다.

"자 그럼 한 명만 더 있으면 돼요."

모두 서로의 눈치만 보고 있었다. 막상 들어가려고 하니 두려움이 앞선 모양이다. 서로 어깨를 떠밀 뿐이었다. 발을 헛디뎌 한 발짝 앞으로 나오게 된 한 '수'가 얼른 뒤로 물러났다.

"제가 할게요."

또 다른 지원자는 뜻밖의 인물이었다. 여기서 가장 작고 약해 보이는 꼬맹이 '수'였다. 덩치가 비교적 큰 수들은 아무 말 없이 가만히 지켜보고 있을 뿐이었다.

우선, $\frac{4}{3}$ 형태의 집 앞에 모두 모였다. 치비는 먼저 별이를 앞발로 잡아 집 천장에 있는 구멍에 집어넣었다. 집 위층에 있던 다른 수들이 팔을 벌려 별이를 받았다. 이제 위층에는 5명, 아래층에는 3명이 있게 되어 $\frac{5}{3}$ 형태가 되었다.

다음으로 꼬맹이 수도 치비가 앞발로 들어 올렸다. 꼬맹이 수는 몸집은 가장 작았으나 표정은 누구보다 비장해 보였다. 마찬가지로 구멍 안으로 수를 집어넣자 놀라운 일이 벌어졌다.

"저기 봐 봐."

밖에 있던 수들이 하나둘 모여 웅성거리기 시작했다. $\frac{6}{3}$ 형태가 되자 모래시계 집의 위층과 아래층에 각각 하나씩 나무문이 생긴 것이다.

그동안 집안에 갇혀 있던 수들이 문을 박차고 밖으로 뛰쳐 나왔다. 오랜만에 자유의 몸이 된 것이다. 모두 기쁨의 함성을 지르며 자리에서 빙글빙글 돌았다. 그대로 자리에 눕더니 미친 듯이 웃는 아이도 있었다. 별이와 꼬맹이 수도 활짝 웃으면서 문밖으로 나왔다.

"자, 그럼 이제는 모두 믿고 도와줄 수 있겠죠?"

밖에 있던 다른 수들이 동시에 큰 소리로 알겠다고 대답했다. 이제 문을 만들기 위해 구멍으로 들어가겠다는 것이다.

치비가 다음으로 향한 곳은 추운 음수 지역에 있는 $-\frac{3}{4}$ 형태의 집이었다. 가운데를 기준으로 왼편에 있는 음수 지역의 집에는 항상 '-'를 붙여야 했다.

"앞에 마이너스가 있지만 같은 방식으로 얼마든지 정수가 될 수 있어요. 여기는 위층에 한 명만 더 들어가면 $-\frac{4}{4}$가 되겠죠? 그러면 -1과 같으니까 음의 정수가 될 수 있고 문이 생길 거예요."

치비는 자신감이 넘치는 말투로 말했다. 밖에 있던 모든 '수'들이 마치 왕에게 환호하듯이 '치비 만세'를 외쳤다. 치비가 또 한 명의 수를 집어넣자 그곳에도 문이 생겼다.

이렇게 하나씩 문이 없던 모든 집에 문이 생기기 시작했다. 이 때까지 만해도 모든 일이 순조롭게 풀리는 줄로만 알았다. 치비는 자신이 마치 영웅이 된 것만 같은 기분이었다.

제**11**편
해와 달을 삼키는 불개

 "우리 가족과 친구들을 구해줘서 정말 고마워요, 치비님. 원하는 것은 무엇이든 말씀해 주세요. 뭐든지 다 도와드리겠습니다."

 수들은 치비에게 진심으로 고마워하는 것 같았다. 몇몇 수들은 감동하여 눈물을 닦고 있었다.

 "다른 건 괜찮고, 진영이 몸을 빨리 낫게 해 주세요."

 "네, 그럼 진영 군의 몸이 깨끗이 나을 방법을 알려 드리죠. 나머지 분들도 이곳에서 편히 쉬다 가게 해 드릴게요."

 별이가 이끄는 곳으로 모두 따라가 보았다. 그곳은 추운 지역과 더운 지역이 나뉘는 경계선, '0'의 영역이라는 곳이었다. 수들이 마시는 정수가 있는 곳이다. 이곳은 춥지도 덥지도 않고 공기의 흐름조차 없었다.

호수 앞쪽에 돌로 조각된 낡은 사자상 하나가 입을 크게 벌리고 있었다. 마치 곧 살아 움직일 것처럼 실제 사자 모습과 똑같았다.

"이 사자상의 입에 손을 집어넣으세요. 그러면 자신에게 가장 적당하고 편안한 온도를 알려 줄 거예요."

별이의 말에 열이 심하게 나는 진영이가 먼저 손을 집어넣었다.

5-8

그러자 사자상 아래쪽에 이런 수식이 나타났다.

"5 빼기 8? 5에서 8을 어떻게 빼지?"

진영이가 어리둥절한 표정을 지으며 말했다.

"자, 일단 손을 빼고 오른쪽을 보고 서세요."

별이의 말대로 진영이가 오른쪽의 태양을 바라보고 섰다.

"숫자 앞에 + 표시가 있으면 그 수만큼 앞인 오른쪽으로 걸어가면 돼요. 반대로 − 표시가 있으면 뒤로 돌아 왼쪽으로 가면 되고요."

진영이는 별이의 설명대로 움직여 보려 했으나 처음부터 난관에 봉착했다.

"'5-8'에서 '5' 앞에는 '+'도 '−'도 없는데 그럼 어디로 가죠?"

"아 그건 +5나 마찬가지예요. +가 생략되었을 뿐이에요."

'+5'라면 + 표시가 있으니, 진영이는 우선 앞인 오른쪽으로 다섯 발자국을 걸어갔다. 다음에는 '-8'이 있었기 때문에 뒤로 돌아 왼쪽으로 여덟 발자국을 걸어갔다. 오른쪽으로 5칸 갔다가 다시 왼쪽으로 8칸 갔기 때문에 결국엔 왼쪽으로 3칸만큼 간 것과 같았다. 왼쪽이었기 때문에 음수들이 사는 추운 지역이었다. 진영이는 약간 시원한 느낌이 드는 '-3'의 위치가 마음에 들었다.

"오, 여기 진짜 괜찮은 것 같아. 몸의 열이 점점 식는 것 같아."

진영이는 그곳에 홀로 앉아 쉬기 시작했다.

별이는 나머지 일행들도 편히 쉴 수 있는 최적의 장소를 알려준다고 하였다. 다음으로 소희가 사자상 앞으로 다가섰다. 돌로 된 사자는 마치 손을 그대로 물어버릴 것처럼 사나운 표정을 하고 있었다. 진영이와 마찬가지로 소희도 오른손을 사자의 입에 쑥 집어넣었다.

$$-3-(-6)$$

이번에는 이렇게 다소 복잡해 보이는 수식이 나타났다. 소희도 처음에는 진영이처럼 오른쪽의 태양을 바라보고 서 있었다.

우선, 맨 앞에 '−'가 눈에 띄었다. '−3'이므로 뒤로 돌아 왼쪽으로 세 걸음 걸어갔다. 다음도 '−' 이었다. 그런데, '−(−6)'이므로 '−'가 두 개 연속으로 붙어 있었다.

"−(−6)처럼 '−'가 두 개 연속으로 나오면 어쩌죠?"

소희가 난처하다는 표정을 지어 보였다.

"아, 그럴 때는 '−'가 있으니 뒤로 돌았다가 '−'가 또 있으니 다시 또 뒤로 돌아야 해요!"

별이의 말대로 돌고 돌아보니 다시 제자리였다. 처음처럼 오른쪽의 태양을 바라보게 되었다.

"아, 그럼 '−' 두 개가 연속으로 나오면 그냥 '+'처럼 오른쪽으로 가면 되는 거군요?"

"네, 맞아요!"

별이의 대답대로라면 '−(−6)'은 돌고 돌아 '+6'과 같았다. 소희는 결국 오른쪽으로 6칸을 걸어갔다. 처음에 왼쪽으로 3칸을 간 상태에서 오른쪽으로 6칸을 갔으니 오른쪽으로 3칸을 간 것과 같았다. 양수 지역의 '3'이었으니 '+3'의 위치였다. 소희에게는 초여름 6월처럼 적당히 따뜻한 그 장소의 온도가 마음에 들었다.

마지막으로 치비가 사자상에 손을 넣었다.

$$-2+4$$

오른쪽을 바라보고 서 있던 치비는 우선 '−'를 보고 뒤로 돌아서 왼쪽으로 2칸을 이동했다. 그리고 '+'가 있으니 오른쪽으로 4칸을 갔다. 왼쪽으로 2칸 간 후에 오른쪽으로 4칸을 갔으니 '+2'만큼 이동한 것과 같았다. 마치 5월의 봄날같이 따스한 곳이었다.

"내가 딱 좋아하는 느낌이야."

님프는 추위도 더위도 타지 않는다면서 사자상에 손을 넣지 않겠다고 말했다. 그리고는 가운데 정수가 있는 0의 영역에서 쉬겠다고 말했다.

그렇게 1시간 정도 휴식을 취하자 진영이는 몸이 완전히 개운해진 것을 느꼈다. 열이 나는 느낌도 없었고 가슴이 두근거리지도 않았다.

"나 이제 몸이 좀 괜찮아진 거 같아."

진영이가 밝아진 표정으로 말하자 소희와 치비도 안심이 되었다. 모두의 마음이 좀 편해지려는 찰나에 어떤 '수'가 또다시 소리쳤다.

"비상사태! 불개가 달을 먹고 있다! 모두 빨리 집으로 들어가!"

'달을 먹는다고?'

무슨 말인가 싶어 소희 일행은 왼쪽에 떠 있던 달을 바라보았다. 아까 잠깐 나타났던 불개가 정말 하늘에 떠 있는 달을 집어 삼키고 있었다.

"이게 무슨 일이야?"

한갓 개 한 마리가 달을 삼킨다니 말이 되는 일인가? 소희의 머릿속이 뿌연 안개처럼 혼란스러워졌다. 하지만 이곳 툴리아는 자신이 살던 세계와는 전혀 다른 곳이었다. 이곳에서는 인간 세계가 아닌 툴리아의 법칙을 따라야 했다.

집을 향해 뛰어가던 꼬맹이 '수'가 넘어졌다. 소희는 얼른 한 손으로 그를 집어 집 안으로 넣어 주었다.

"고마워!"

꼬맹이 '수'가 기뻐하자 소희도 기분이 좋아졌다.

"저 불개는 가끔 자기 몸이 너무 뜨겁다고 느끼면 차가운 달을 집어삼켜요. 그러고 나면 반대로 몸이 너무 차가워져서 해도 삼키죠."

별이의 말대로 달을 모두 삼킨 불개가 금세 반대편으로 날아가더니 이번엔 해를 삼키고 있었다. 마을 전체가 어두워지기 시작했다.

"불개가 해와 달을 모두 삼키고 나면 춥거나 덥다는 느낌 자체가 사라져요. +, − 부호가 모두 사라져 버리고 '0의 영역'에서부터의 거리만 남아요. 예를 들어, −2에 있다면 그냥 2가 되고, +3에 있다면 그냥 3이 돼요."

"그럼 좋은 거 아닌가요? 춥지도 덥지도 않으니⋯."

진영이가 의아해하며 물었다.

"여러분에게는 좋을 수도 있겠죠. 하지만 우리 수들은 몸이 너무 약해서 갑자기 기온이 바뀌면 죽을 수도 있거든요. 그래서 불개가 해와 달을 집어삼킬 때 밖에 나와 있는 '수'는 매우 위험해져요. 빨리 집으로 들어가야만 해요."

불개가 해와 달을 삼켰을 때는 사자상의 입에 손을 넣으면 새로운 결과가 나온다고 했다. 진영이가 시험 삼아 손을 넣어 보았다.

$$| \ 5-8 \ |$$

'5−8'은 아까와 똑같은데, 양쪽에 일자로 ' | ' 모양의 벽 같은 것이 생겼다.

"불개가 나타났을 때는 이렇게 표시를 해요. 그럼 부호를 빼버리면 되죠. 아까처럼 '-3'이 아니라 그냥 '3'이에요. +, -가 완전히 사라져 버리는 거죠. 몇 발자국 갔는지 거리만 중요하니까."

"계산을 먼저 한 다음에 부호만 없애버리면 된다는 거죠?"

"네, 맞아요. 이곳에서 절대적인 힘을 가진 것은 오직 불개뿐이에요. 그래서 해와 달을 집어삼켰을 때 나오는 숫자를 절댓값이라고 불러요. 절댓값에는 부호가 없죠."

그렇게 불개와 절댓값에 관한 이야기를 듣고 있다 보니, 어느새 주변이 다시 밝아지는 느낌이 들었다. 불개가 이제는 해와 달을 내뱉고 있던 것이다. 이곳에서는 하루에도 몇 번씩 반복되는 일 같았다.

충분히 휴식을 취한 소희 일행은 다시 떠날 준비를 하고 있었다. 그때였다. 갑자기 수들의 비명에 가까운 절규 소리가 들렸다.

"안 돼! 문이 사라지고 있어!"

모두가 동시에 뒤돌아보니 놀라운 일이 벌어지고 있었다. 몇몇 집에 있던 문이 점점 사라지고 있던 것이다. 잘 살펴보니, 이번에 문이 새로 생긴 집들이 아니라 원래 문이 있던 집의 문들이 사라지고 있었다.

갑자기 집 안에 갇히게 된 '수'들이 유리 벽을 쾅쾅 치면서 살려 달라고 절규하고 있었다.

"무슨 일이지 대체?"

모두 영문을 알 수 없어 어리둥절하였다. 특히, 치비가 굉장히 불안해하며 눈동자가 심하게 흔들리고 있었다.

"혹시⋯?"

진영이가 뭔가 알아냈다는 표정을 지었다. 소희와 치비가 기대와 두려움이 뒤섞인 표정으로 그를 바라보았다.

"아까 정수를 만들기 위해서 '수'들이 새로운 집으로 들어갔잖아. 그럼 원래 정수였던 집은 다시 정수가 아닌 유리수가 되는 거 아니야?"

진영이의 말을 듣자마자 모두 소름이 돋았다.

"그러네! 아까 $\frac{4}{2}$ 이었던 집의 위층에 살던 '수'를 $\frac{5}{3}$ 인 집에 넣었다고 해봐. 그럼 $\frac{5}{3}$ 는 이제 $\frac{6}{3}$ 이 되니까 정수가 되어 문이 생기겠지. 하지만 그 '수'가 원래 살던 $\frac{4}{2}$ 는 이제 $\frac{3}{2}$ 이 되어버린 거잖아. 문이 사라질 수밖에⋯."

소희의 설명을 듣고 있던 치비가 머리를 감싸며 무릎을 꿇고 괴로워했다. 자기가 생각해낸 방법이 사실상 아무런 효과가 없던 것이다.

새로운 문이 생긴 만큼 문이 사라진 집들 또한 늘어난 것이다.

제12편

'수'들의
오래된 속담

"엄마!"

문이 사라진 집 앞에서 한 '수'가 울부짖으며 유리 벽을 두드리고 있었다. 그는 사실 좀 전에 치비 덕택에 집에 문이 생겨서 환호성을 질렀었다. 하지만 기쁨도 잠시뿐, 그의 엄마와 여동생들은 반대의 일을 겪고 있었다.

"이게 무슨 일이야? 내가 밖으로 나오면 뭐해? 엄마가 갇혀버렸잖아!"

엄마 집은 반대로 문이 사라져 버린 것이다. 모두 안타까운 표정으로 그들을 바라보고 있었다. 물론, 그의 엄마 집에 얼마든지 다시 문을 만들어 줄 수는 있었다. 하지만 그러면 다시 누군가의 문이 사라지고 만다.

"근데, 같은 가족끼리 왜 따로 사는 건가요?"

소희가 좀처럼 이해할 수 없다는 표정으로 별이에게 물었다.

"이것도 사실 '그분'이 그렇게 나누었어요. 남자들은 다 양수 집으로 여자들은 다 음수 집으로 보내 버렸죠. 우리는 사실 가족 끼리 한집에서 살고 싶어요."

소희와 진영이는 그 말을 듣자마자 곧바로 자신들의 삶이 떠올랐다. 소희는 현재 엄마와 둘이 살고 있었고 진영이는 아빠와 형이랑 살고 있었다. 자신들의 의도와는 무관하게 남자끼리 여자끼리 살고 있던 것이다.

안타까워하는 소희와 진영이의 표정을 살피더니 님프가 말했다.

"사실 나는 이제 여기를 떠났으면 좋겠어요. 우리가 가야 할 길도 바쁘니까요. 하지만 여러분의 표정을 보니 또 이대로는 떠날 수 없다고 하겠죠?"

소희와 진영이가 동시에 여러 번 고개를 끄덕였다.

"그래서 한 가지 힌트를 주겠어요. 여러 개의 집을 옮겨서 나란히 붙이면 서로 곱하면서 하나로 만들 수 있어요. 이건 툴리아의 기본적인 법칙이에요."

잠시 원래 세계의 가족들을 떠올리던 진영이는 그 말을 듣자마자 의욕이 솟구쳤다.

"자, 그럼 집을 옮겨서 같은 가족끼리 살 수 있게 해 주자!"

"근데, 하나로 만들어도 문이 없으면 안 되잖아."

소희가 서두르지 말고 침착하게 생각해 보자고 했다.

갑자기 문이 사라진 엄마 집의 위층에는 3명, 아래층에는 2명의 수가 있었다. 음수 지역이므로 $-\dfrac{3}{2}$이었다. 아들이 사는 집은 양수 지역으로 위층에는 4명, 아래층에는 2명이 있었다. $+\dfrac{4}{2}$이었다.

"어느 집을 어느 쪽으로 옮겨야 할까?"

양수인 집을 음수 쪽으로 옮겨야 할까? 음수인 집을 양수 쪽으로 옮겨야 할까? 소희와 진영이는 아무리 고민해도 답을 찾을 수 없었다. 치비는 별로 관심이 없는 듯 혼자 땅을 보고 앉아 있었다.

"우리 '수'들의 오래된 속담에 '두 개의 달이 뜬 날에는 태양이 뜬 것처럼 밝다.'라는 말이 있어요."

그들을 가만히 지켜보던 별이가 끼어들었다.

"갑자기 그게 무슨 말이죠?"

진영이가 도통 무슨 말인지 모르겠다는 표정을 지어 보였다.

"그 말은 달을 상징하는 음수 두 개가 만나서 곱해지면 태양을 상징하는 양수가 된다는 것이죠."

진영이는 여전히 멍한 표정이었다.

"예를 들어, $(-2) \times (-3)$은 '$-$' 두 개가 서로 곱해지면서 $+6$이 되는 거죠."

"그렇다면 양수인 집과 음수인 집을 하나씩 곱하면 뭐가 된다는 거죠? 양수? 음수?"

진영이가 물었다.

"하나의 달과 하나의 태양이군요. 그럴 때는 달의 기운이 남아 있기 때문에 '$-$'예요. 달은 두 개씩 짝을 이루어야만 태양처럼 밝아질 수 있죠."

별이의 대답을 듣자마자 소희가 나뭇가지로 뭔가를 땅에 써보기 시작했다. 그러더니 곧 환희에 찬 표정을 지으며 말했다.

"알겠어요! 그러면 $-\frac{3}{2}$인 집과 $+\frac{4}{2}$인 집을 붙여서 곱해 볼게요. 우선, $+$와 $-$를 하나씩 곱하는 거니까 달의 기운이 남아서 $-$가 되겠네요. 그러니 음수 지역으로 집을 옮겨야 해요. $+\frac{4}{2}$는 $+2$와 같죠? $+2$에 $-\frac{3}{2}$을 곱하면 $+2 \times (-\frac{3}{2}) = -3$이 돼요. 음의 정수죠? 둘을 곱하여 하나로 만든 집에도 문이 생길 거 같아요!"

소희의 계산에 별이와 진영이도 환호성을 질렀다.

"그럼, 이제 집을 옮겨 보자!"

사실 소희 팔뚝만 한 크기의 집이라서 그리 무겁지 않으리라 생각했다. 하지만 소희나 치비가 양손에 힘을 가득 주어 들어보려 했으나 꿈쩍도 하지 않았다.

"잠깐, 내가 해 볼게."

이번에는 진영이가 집 앞으로 다가갔다.

"너희들 지금 장난치는 거지?"

소희와 치비가 아무리 안간힘을 써도 움직이지 않던 것을 진영이는 손쉽게 들어 올렸다. 진영이 몸에 생긴 특별한 능력 때문인 것 같았다.

"'-3'으로 옮기면 되겠지?"

진영이가 두 집을 차례로 들더니 -3의 위치에 붙여 놓았다. 그러자 두 집 사이의 경계가 사라지면서 더 큰 집이 생겼다. 위아래층에 문도 하나씩 생겨났다.

"와우, 대단해! 진영아, 성공이야!"

소희가 기뻐서 소리치면서 진영이의 양손을 붙잡았다. 진영이의 얼굴이 살짝 빨개졌다. 하지만 치비는 여전히 무표정한 얼굴을 하고 있었다.

"저희도요!"

"여기도 봐 주세요!"

다른 수들도 소희와 진영이의 다리에 매달리며 가족과 함께 살게 해달라고 부탁하기 시작했다. 이제 치비는 모두의 관심 밖이 되었다.

먼저 눈에 띈 것은 음수 지역에 집이 셋으로 나뉜 가족이었다. 세 집은 각각 $-\frac{1}{2}$, $-\frac{2}{1}$, $-\frac{2}{2}$ 의 형태를 지니고 있었다.

"음수에 세 집이 있네. $-, -, -$ 이렇게 세 부호를 곱해야 해. 음수는 두 개가 만나면 양수가 된다고 했어. 그러니까 $-, -$ 두 개는 합쳐져서 $+$가 될 거야. 그러면 $+, -$만 남게 되겠네. 양수와 음수 하나씩을 곱하면 음수야. 세 수를 곱한 값은 '$-$'가 될 테니 음수 지역으로 집을 옮기면 될 것 같아."

진영이가 이제는 능숙하게 곱셈의 부호를 계산할 수 있게 되었다.

"셋을 곱하면 $(-\frac{1}{2}) \times (-\frac{2}{1}) \times (-\frac{2}{2})$ 이니 약분하면 -1이야. 음의 정수니까 문이 생길 거야."

소희는 능숙하게 분수의 곱셈을 끝마쳤다. 진영이가 -1의 위치로 세 집을 옮기자 하나의 집으로 변하면서 문도 생겨났다.

소희와 진영이의 손발이 척척 맞으면서 더 많은 수들이 가족과 함께 살 수 있게 되었다. 문제에 봉착한 것은 바로 그때였다.

"이번 집은 $+$와 $-$야. 둘을 곱하면 부호는 '$-$'이겠네."

"응, 근데 $(+\frac{4}{3}) \times (-\frac{2}{3}) = -\frac{8}{9}$ 이야. 정수가 아니야."

"그러네. 그럼 집을 하나로 만들 수는 있어도 문이 없잖아."

진영이의 말에 소희도 고민에 빠졌다. 둘은 나뭇가지로 땅바닥에 이런저런 수식을 써가며 방법을 찾기 시작했다. 별이도 옆에서 같이 땅에 수식을 써보았다. 치비는 아까부터 아무것도 하지 않고 있었다.

한참을 고민하던 차에 먼저 침묵을 깬 것은 별이었다.

"알아낸 것 같아요!"

소희와 진영이의 눈이 재빠르게 별이가 땅에 쓴 수식으로 향했다.

"두 집 사이에 곱하기 대신 나누기를 넣으면 될 것 같아요! $(+\frac{4}{3}) \div (-\frac{2}{3})$ 이렇게요!"

"나누기? 갑자기 나눠도 괜찮은 건가요? 분수의 나누기는 어떻게 계산하죠?"

"왠지 어려울 것 같아."

소희와 진영이는 별이의 얼굴만 바라보며 빨리 설명해 주기를 바랐다.

"우리 '수'들의 오래된 속담에 이런 말이 있어요. '나눌 줄 모르면 뒤집어서 곱하라.'"

146

또다시 오래된 속담이 등장했다. 진영이와 소희는 여전히 전혀 이해할 수 없다는 표정이었다.

"여러분, 분수의 곱하기는 잘할 수 있죠?"

소희와 진영이가 고개를 끄덕였다.

"그럼 나누기도 쉽게 할 수 있어요. 나누기를 곱하기로 바꿔 주면 돼요. 이때, 나누기 뒤에 있는 수의 위아래를 뒤집어 주어야 해요. 예를 들어, $\frac{3}{2} \div \frac{1}{2}$이라면 나누기를 곱하기로 바꾸면 $\frac{3}{2} \times \frac{2}{1}$가 되지요. 원래 있던 $\frac{1}{2}$이 곱하기가 되면서 거꾸로 $\frac{2}{1}$가 되는 거예요."

둘 다 이제 약간 이해가 되는 것 같았다. 별이가 뒤집힌 수를 '역수'라 부른다고 하였다. 별이의 설명을 들은 소희가 나뭇가지로 땅바닥에 계산하기 시작했다.

"그러면 한번 해 볼게요. $(+\frac{4}{3}) \div (-\frac{2}{3})$는 곱하기로 바뀌면서 $(-\frac{2}{3})$의 '역수'인 $(-\frac{3}{2})$을 곱하는 거니까 $(+\frac{4}{3}) \times (-\frac{3}{2})$이 되겠네요. 약분해서 계산하면 −2네요. 음의 정수!"

소희가 계산을 끝내자 진영이도 이제 좀 알겠다는 표정이었다. 이번에도 집을 움직이는 일은 진영이가 맡았다. 하지만 이번에는 두 집을 무작정 붙여서 곱해 주면 안 되었다.

우선, $-\frac{2}{3}$인 집이 $-\frac{3}{2}$으로 바뀌어야 했다. 그러려면 집을 뒤집

는 수밖에 없었다.

$-\dfrac{2}{3}$ 의 집 안에 있는 '수'들에게 조심하라는 말을 하고 진영이는 재빨리 위아래를 뒤집어 버렸다.

"으앗!"

집 안에서 '수'들이 넘어지면서 서로를 깔아뭉갰다. 유리 벽에 머리를 부딪치기도 했다. 하지만 이것이 최선이라 생각했다.

그리고는 -2의 위치에 두 집을 붙여 놓았다. 이렇게 또다시 넓은 집과 새로운 문이 생겼다.

소희와 진영이는 모든 수들이 가족과 살 수 있도록 계속 집을 옮겨 주었다. '수'들은 너무 기쁜 나머지 울면서 서로를 껴안았다. 눈물의 색깔도 녹색에 가까웠다.

소희와 진영이는 마지막 집까지 옮기고 나서 만세 자세로 바닥에 드러누웠다.

"힘들었지만 뿌듯하다!"

누워서 본 하늘에는 해와 달이 동시에 선명하게 떠 있었다. 인간 세계에서는 쉽게 볼 수 없는 잊지 못할 풍경이었다.

제13편

마음을 읽는
노인

유리수 마을을 떠나 다시 길을 나서면서 소희는 계속 치비가 신경 쓰였다. 치비의 어깨가 평소와 달리 축 처져 있는 것 같았다. 치비는 아까 자신이 생각한 방법이 완전히 실패로 돌아간 이후로 크게 충격을 받았다. 게다가 집을 옮기는 일조차 진영이가 도맡게 되자 침울해진 상태였다.

"얘들아."

"응?"

치비가 부르자 소희와 진영이가 동시에 대답했다.

"난 너희한테 별로 도움이 안 되는 것 같아. 이제 난 여기서 빠질게."

치비의 말에 소희가 깜짝 놀라서 외쳤다.

"무슨 말이야 갑자기? 빠진다니?"

"그냥 내가 오히려 방해만 되는 게 아닌가 싶어서…."

"그럴 리가 없잖아. 네가 있어서 얼마나 힘이 되는데."

"맞아. 우리는 수학도 잘 모르잖아. 네 덕분에 여기까지 올 수 있었어."

진영이도 소희의 말을 거들었다. 치비는 여전히 시무룩한 표정이었다. 그런 치비의 표정은 전혀 아랑곳하지 않고 님프가 다시 그들 앞에서 날갯짓하며 말했다.

"지금까지 여러분의 모습을 잘 지켜봤어요. 약점이 뭔지도 알 것 같고요. 여러분은 상대방을 쉽게 믿고 어려운 사람을 도와주려는 마음이 강해요. 그런 여러분에게 어쩌면 이번이 가장 위험한 곳일 수 있어요. 여러분 중 누군가는 목숨을 잃을 수도 있고요."

지금까지 님프가 말한 어떤 곳에서도 목숨까지 잃으리란 말은 없었다. 그만큼 이번에 위험한 곳을 지난다는 것은 확실해 보였다.

"이제부터 여러분을 지켜 줄 숫자를 하나씩 알려줄 거예요. 그 숫자는 x라는 이름으로 숨겨져 있어요. 누구에게도 자신의 x를 말해서는 안 돼요. 말하는 순간, 어떤 끔찍한 결과가 나타날지는 굳이 말하지 않아도 알겠죠?"

님프의 말에 의하면 소희, 진영, 치비는 각각 자신들을 지켜 줄 수호신 같은 숫자를 하나씩 받게 된다. 그 숫자는 비밀을 뜻하는 x로 불리게 된다. 절대 자신의 x를 입 밖으로 말해서는 안 된다는 것이었다.

님프가 먼저 소희에게 다가와서 속삭였다.

"제가 x를 말할 때 이 숲의 누군가가 몰래 엿들을 수 있어요. 그래서 직접 말하지는 않을 거예요."

"그럼 어떻게 알려준다는 거죠?"

"소희 양의 x는 2를 뺐을 때 7이 되는 숫자예요."

소희는 갑자기 수식이 나오자 당황했다. 2를 빼면 7이 되는 숫자? 차근차근 생각해 보기로 했다. '□ $-2=7$'이란 말인가? 그렇다면 □에 들어갈 숫자는 9였다. 소희의 x는 9인 것이다.

다음으로 진영이가 님프에게 다가왔다. 님프는 소희에게 말할 때처럼 속삭였다.

"진영 군의 x는 3을 더했을 때 7이 되는 숫자예요."

'x, 3, 7'이 머릿속에 뒤섞이며 진영이도 당황했다. 소희나 치비에게 대신 계산해 달라고 말하고 싶었다. 하지만, 물어보는 순간 다른 사람이 자신의 x를 알게 된다. 그러면 진영이에게는 끔

찍한 일이 벌어질 수 있었다. 어찌해야 좋을지 몰라 그저 멍하니 서 있었다.

"진영아, 네모를 이용해서 식을 만들어 봐!"

진영이의 멍한 표정을 보고 소희가 외쳤다.

'네모를 이용하라고?'

진영이도 소희처럼 식을 만들어 보고자 했다.

'□에 3을 더하면 7이라고 했으니까 □+3=7 이런 식이 되겠네. 그럼 x를 이용해서 식을 만들어 볼까? □ 대신 x로 표현하면 '$x+3=7$'이라는 말이군. 그러면 내 x는 4인 것 같아.'

막상 식을 만들어 보니 생각보다 어렵지 않았다. 지금까지 수학을 싫어했던 게 혹시 어려울 것 같다고 미리 겁먹고 포기해서 그랬던 게 아닌가 생각했다.

마지막으로 치비의 차례였다. 치비의 x는 3배를 했을 때 6이되는 수였다.

'$3 \times x = 6$이라는 말이지. $3 \times x$처럼 x와 숫자를 곱하는 것은 간단하게 $3x$로 줄여서 쓸 수 있지. 그러니 $3x=6$이라는 말이군. $x=2$.'

치비가 손쉽게 계산을 끝냈다.

님프는 모두를 걱정 어린 눈빛으로 바라보며 마지막으로 한마디를 더했다.

"누가 어떤 말을 해도 절대 자신의 x를 말해서는 안 돼요. 알겠죠?"

이 말 한마디만 남긴 채 그녀는 하늘 높이 날아가 버렸다. 님프의 조언에 의하면 이곳에서는 셋이 모여 다니면 요괴들의 눈에 잘 띄어 더 위험하다고 하였다. 결국, 셋은 어느 정도 거리를 두면서 각자 이동하게 되었다.

먼저 소희의 눈앞에 한 소녀가 나타났다. 그 소녀는 초등학교에 갓 입학했을 만큼 어려 보이는 아이였다. 조선 시대에 노비들이나 입었을 것 같은 누더기 옷차림을 하고 있었다. 한 손에는 빨래 바구니에 빨래를 한가득 든 채 바삐 걸어가고 있었다.

"이 동네에서 처음 보는데 누구신지요?"

그 소녀가 소희에게 다가와 말을 걸었다.

"아, 나는 잠깐 이 동네를 지나가는 중이야. 넌 여기 사는 애니?"

"네, 그래요. 혹시 인간이세요?"

소희는 그렇다고 고개를 끄덕였다. 그 소녀는 빨래 바구니를 땅에 내려놓더니 소희에게 달려들어 와락 껴안았다. 소희는 갑작스러운 행동에 당황했으나 그녀의 머리를 감싸 안아 주었다.

"저 좀 도와주세요. 저도 인간 세계에서 우연히 여기로 왔어요."

그 소녀는 눈물을 글썽이며 말했다.

"그럼 너도 지하실 같은 곳을 통해서 여기로 온 거야?"

소녀는 소희의 눈을 바라보며 고개를 끄덕였다.

"지금 사악한 요괴에게 붙잡혀서 집안일을 대신 해 주고 있어요. 매일 빨래하고 청소하고 머리에 이를 잡아 주고 있어요."

소녀의 몸이 갖은 고생으로 수척한 것처럼 보였다.

"도망칠 수는 없는 거야?"

소희가 안쓰러운 눈빛으로 그녀를 바라보았다.

"툴리아에서는 수학을 못 하면 어디로 도망치기 어려워요. 그런데, 전 아직 초등학교 1학년이라 수학이라면 더하기, 빼기밖에 모르거든요."

"그럼, 우리랑 같이 가자."

소희는 자기 일행과 함께라면 여기를 벗어날 수 있다고 했다.

"그런데 언니, 제 이름은 연이에요. 그리고 제 x는 7인데 언니의 x도 알려줄 수 있나요? 두 x가 지닌 힘을 합쳐야 저를 괴롭히는 요괴를 물리칠 수 있을 것 같아서요. 저 혼자 힘으로는 어려워요."

소희는 그녀의 돌발 질문에 당황했다. 님프가 절대 자신의 x를 말하지 말라고 신신당부했기 때문이다.

"그런데, x를 말하면 안 된다고 했는데….'

"누가요?"

"우리랑 같이 다니는 님프가.'

"혹시 님프라면 피부가 새하얗고 날개가 있고 조그만?"

"응, 맞아. 님프를 아는구나.'

갑자기 소녀는 어두운 표정을 지으며 말했다.

"그 님프를 믿지 마세요. 지금 언니랑 언니 친구들을 '그분'에게 제물로 바치려고 데려가는 거예요. '그분'에게 인간들을 제물로 바치면 그 상으로 님프가 인간 세계로 돌아갈 수 있거든요."

"뭐라고?"

처음 보는 소녀가 하는 말이라 바로 믿기는 어려웠다. 하지만 예전에 치비가 의심하던 것과 비슷한 부분이 있어서 놀라웠다.

"언니, 그 거짓말쟁이 님프는 믿지 말고 저랑 같이 힘을 합쳐서 여기를 빠져나가요. 다시 인간 세계로 돌아가야죠. 언니 x를 알려주세요. 제 것도 알려 드렸잖아요!"

소희의 머릿속이 혼란스러워졌다. 누구의 말을 믿어야 하나?

"내 x는….'

소희가 머뭇거리는 동안 뒤에서 갑자기 검은 그림자가 나타났다. 소희와 소녀 모두 재빨리 뒤를 돌아보았다.

"잠깐."

한마디 말을 내뱉으며 등장한 것은 치비였다.

"소희의 x 대신에 내 x를 말해 줄게."

치비의 등장에 소녀는 약간 놀란 표정이었다.

"언니, 저 새까만 고양이는 누구예요?"

"우리랑 같이 다니는 일행이야."

"내 x는 6이야. 네 x는 몇이니?"

치비의 x는 2였지만 거짓말로 6이라고 말했다. 소녀는 아무 말 없이 한동안 치비의 상태를 유심히 관찰하였다. 아무 변화가 없는 것을 확인하더니 입을 열었다.

"고양이 너, 거짓말이지?"

"응? 6 맞는데 왜?"

치비가 시치미를 떼면서 말했다.

"자신의 x를 말하면 점점 가슴이 답답해지고 숨이 막혀서 곧 죽게 돼. 근데 넌 지금 멀쩡하잖아. 그러니까 거짓말이지."

소녀의 말에 더 놀란 것은 소희였다.

"뭐? 그런데 나한테 x를 말하라고 했던 거야? 날 죽이려고? 그럼 네 x가 7이라 말한 것도 다 거짓말이구나."

소희가 머리끝까지 화가 나서 얼굴이 새빨개진 채 소리쳤다.

"에이, 거의 성공할 뻔했는데 저 고양이 때문에 다 망쳤네. 그럼 난 이만."

소녀는 아쉽다는 듯이 소희의 눈을 피해 빨래 바구니를 챙겨 떠났다.

"고마워, 치비. 하마터면 저 여자애한테 완전히 속아 넘어갈 뻔했어."

"뭘. 우리 고양이들은 인간처럼 그리 쉽게 속지 않아. 그럼 진영이도 좀 보고 올게."

소희는 다시 혼자서 걷기 시작했고 치비는 진영이가 있던 방향으로 향했다.

한편, 진영이는 큰 어려움 없이 길을 통과하고 있었다. 그러다 한 노인이 앉아 있는 모습을 보게 되었다. 하지만 괜히 엮이기 싫어서 말없이 지나치려 했다.

"자네, 마음속에 신경 쓰이는 사람이 있구먼."

"네? 저요?"

진영이는 당황해서 노인을 바라보며 말했다. 노인은 진영이에게 눈길도 주지 않고 눈앞의 책만 바라보며 말을 이었다.

"응, 최근에 호감 가는 여자애가 생겼어. 맞지?"

"아니에요! 그런 사람 없어요."

진영이는 강하게 부정했다. 지금 저 노인이 자신의 마음을 읽고 있는 것인가?

"그리고 하나 더. 지금 널 애타게 찾고 있는 사람도 한 명 보이는구나. 여기저기 다니면서 널 찾고 있어."

노인의 말에 진영이는 그게 누군지 단번에 알 수 있었다. 진영이의 아빠였다.

"그런데, 그 사람에게 위험한 상황이 닥칠 거야."

"우리 아빠한테 대체 무슨 일이죠?"

진영이는 노인이 앉아 있는 곳까지 단숨에 달려가서 다급하게 물었다.

"네 아비를 구하려면 최대한 빨리 이곳을 떠나야 해. 사실 너는 곧 이곳을 떠날 운명이야. 네가 누군가를 위한다는 마음에 괜히 나서지만 않는다면…."

"곧이요? 얼마나 걸리죠?"

진영이의 눈이 점점 초점을 잃어가고 있었다. 노인이 마법이라도 건 것처럼 점점 그의 이야기에 빠져들고 있었다.

"네 x에 3을 뺀 날짜야. $x-3$일이지. 만약 네 x가 6이라면 6-3일, 네 x가 5라면 5-3일."

"x에 3을 빼면 되는군요. 그럼 제 x가…."

"멈춰!"

진영이가 말하는 도중에 치비가 뒤에서 나타나서 저지하였다. 진영이의 눈이 겨우 정상으로 돌아왔다.

"노인 양반, 그럼 난 언제 여기서 나갈 수 있죠?"

치비가 따지듯이 물었다. 노인은 치비의 공격적인 어투에도 전혀 감정의 동요가 일어나지 않은 것처럼 보였다.

"당돌한 고양이로군. 안됐지만 자네는 당분간 여기서 나갈 수 없어."

"뭐라고요?"

"한동안 여기 머물 수밖에 없는 운명이야. 그리고 자네는 지금 걱정과 불안이 많이 읽히는군."

"걱정과 불안?"

"스스로 쓸모가 없어질까 두려워하고 있군."

노인의 말에 치비는 화들짝 놀랐다. 마치 자신의 마음속을 거울로 들여다보듯이 훔쳐보고 있는 것 같았다.

"절대 그렇지 않아요. 그리고 당신은 단지 진영이의 x를 알아내어 목숨을 빼앗고 싶을 뿐이지."

치비의 눈빛이 날카로워지면서 온몸의 털을 쭈뼛 세웠다.

"난 저 사내의 x를 물어본 적이 없네. 궁금하지도 않고. 다만 언제 이곳을 떠날 수 있는지 알려주었을 뿐이야."

치비는 노인의 말을 무시한 채 진영이의 팔을 붙잡고 앞으로 걸어갔다. 노인은 다시 자기 앞에 놓인 책을 읽기 시작했다.

"우린 다시 만나게 될 거야…."

노인이 작은 목소리로 혼자 중얼거렸다.

"기분 나쁜 할아버지군."

치비는 자신의 마음을 읽힌 것 같아 찝찝한 마음이 들었다. 진영이도 마음에 걸리는 일이 생겼다. 둘 다 생각에 잠긴 채 조용히 앞만 보고 걸어가고 있을 때였다.

"여기!"

소희가 멀리서 손을 흔들며 그들을 불렀다. 여느 때처럼 밝은 표정이었다. 그제야 치비와 진영이도 정신을 좀 차린 것 같았다. 소희를 보자 진영이의 심장이 조금 빨리 뛰는 것 같았다. 갑자기 왜 그런지 알 수 없었다.

그렇게 소희 일행은 무사히 자신의 x를 지키며 숲을 빠져나올 수 있었다.

제14편

님프와
'그분'의 관계

이번에도 작은 동굴 근처에서 하룻밤을 지내기로 하였다. 잠시 여유가 생기자 치비는 님프에게 평소 궁금한 것들을 물어보고 싶어졌다.

"근데 '그분'의 이름은 뭐야? 왜 이름을 부르지 않고 항상 '그분'이라 칭하는 거지?"

님프는 또다시 '그분' 이야기가 나오자 마음이 편해 보이지는 않았다. 하지만 침착하게 대답하기 시작했다.

"툴리아에서는 사실 이름이라는 것을 매우 소중하게 생각해요. 그래서 자신의 진짜 이름을 잘 밝히지 않죠."

"그럼 님프도 이름이 님프가 아닌 건가요?"

진영이가 물었다.

"네, 사실 제 이름은 님프가 아니에요. 님프는 사실 요정이라는 뜻이고요. 우리는 서로를 믿을 수 있는 진정한 친구나 가족 관계에서만 서로의 이름을 공개해요. 그렇지 않으면 별명을 서로 부르지요."

툴리아의 문화는 인간 세계와는 많은 부분에서 달랐다.

"그럼 님프도 '그분'의 이름을 모르나요?"

진영이의 질문에 님프가 대답하지 않고 머뭇거렸다. 치비는 여전히 님프가 수상하다고 생각했다.

"알고 있지?"

치비의 물음에 님프는 가볍게 고개를 끄덕였다.

"네, 알고 있어요. 하지만 여러분에게 말할 수는 없어요. 다른 사람의 이름을 동의 없이 알려 주는 것도 이곳에서는 꽤 무례한 일이거든요."

소희 일행은 이제야 왜 다들 툴리아를 주관하는 자를 '그분'이라 칭하는지 알 수 있었다. 이야기를 듣다 보니, 소희에게 한 가지 이해할 수 없는 경험이 떠올랐다.

"님프님, 근데 한 가지 이상한 부분이 있어서요."

님프는 소희를 바라보며 무슨 이야기를 하려는지 궁금하다는 표정을 지었다.

"아까 어린 소녀를 만났는데, 그 소녀는 자기 이름이 연이라고 밝혔거든요. 그렇다면 저를 믿을 수 있다는 뜻이었나요?"

님프는 바로 고개를 저었다.

"아니에요. 사실 아주 친밀한 관계에서만 이름을 밝힌다고 했는데 한 가지 예외가 있어요."

"예외?"

"네, 누군가를 죽이기 직전에도 자기 이름을 밝혀요. 누구에게 죽는지 정도는 알고 저승으로 가라는 최소한의 예의인 셈이죠."

님프의 말을 듣자마자 소희는 온몸이 부르르 떨렸다. 그 소녀는 소희를 곧 죽이겠다는 생각으로 자신의 이름을 밝힌 것이다. 무사히 지나쳐 온 것이 천만다행이었다.

툴리아의 이름에 관한 이야기를 마치고 님프는 잠을 청하기 위해 평소처럼 나무 위로 날아갔다. 이번에는 진영이가 치비에게 말을 걸었다.

"치비, 혹시 말이야."

"응?"

"툴리아로 오기 전날 밤에 혹시 이상한 점 없었어?"

"이상한 점?"

치비는 진영이가 무슨 이야기를 하려는지 도통 감을 잡을 수 없었다.

"그날 늦게까지 놀다가 집으로 돌아가는 길이었어. 항상 소희 할머니 집 근처를 지나치거든. 근데, 분명 소희 할머니와 몸집이 다른 사람이 지하실에서 나오는 걸 봤어. 혹시 그날 집에 찾아온 사람이 있었어?"

치비는 이제야 무슨 얘기를 하는지 알 것 같았다. 사실 그날 할머니 집에는 할머니 친구가 놀러와 있었다. 하지만 자주 놀러 오던 분이었다. 그것 말고도 치비가 이상하다고 생각했던 점이 하나 있었다.

"응, 할머니 친구가 집에 같이 있었는데 그분은 항상 놀러 오시던 분이야. 늦게까지 놀다 가실 때도 많고. 근데 지금 생각해 보니 그날 이상한 점이 하나 있었어."

치비의 말에 진영이와 소희가 잔뜩 긴장한 채 이야기에 집중하였다.

"난 그날 늦은 밤까지 거실에 있었거든. 할머니와 할머니 친구도 같이 있었고. 근데, 밖에서 낯선 사람의 냄새가 났어. 누군지 확인하고 싶어도 문이 닫힌 상태라 밖으로 나갈 수 없었어."

치비의 말에 의하면 고양이의 후각은 매우 뛰어난 편이다. 500m 밖의 냄새까지도 맡을 수 있다고 했다.

"그럼 할머니는 언제부터 안 계셨던 거야?"

이번에는 소희가 물었다.

"그날 밤이야. 친구분을 배웅한다면서 같이 밖에 나가셨어. 난 곧장 2층으로 올라가서 잤거든. 근데, 다음날 소희 네가 문을 열 때까지 안 들어오셨어. 그런 적은 지금까지 단 한 번도 없었거든."

진영이는 할머니의 행방불명에 그 수상한 자가 분명 연관되어 있으리라 생각했다.

"그자를 다시 찾아야 해. 인간 세계로 돌아가면 꼭 찾아보자."

진영이가 이렇게까지 적극적으로 할머니 찾는 일을 도와주는 모습에 소희는 감동했다.

"난 한번 맡은 냄새는 절대 잊어버리지 않아. 만약 다시 그자를 만난다면 같은 사람인지 단번에 알 수 있어."

치비가 자신 있게 말했다. 그렇게 그들의 또 한 번의 밤이 깊어갔다.

제 **15** 편

다항식의
놀이동산

소희는 동굴 안으로 비치는 따사로운 아침 햇살에 잠에서 깼다. 치비와 진영이는 벌써 일어나서 출발할 준비를 하고 있었다. 님프도 곧 나무에서 내려오자 다시 길을 나서게 되었다.

"혹시 저한테 뭔가 거짓말한 적 있나요?"

갑작스러운 님프의 질문에 모두 어리둥절하였다. 치비가 몰래 님프에 대해 의심하기는 했어도 특별히 거짓말을 한 적은 없는 것 같았다. 님프는 살짝 웃어 보였다.

"추궁하는 게 아니에요. 사실 이번에 지나갈 곳을 무사히 통과하기 위해서는 여러분이 거짓말을 해야 해요. 어제와는 반대로 여러분이 누군가를 속여야 하죠. 절대 인간이라는 사실을, 고양이라는 사실을 들켜서는 안 돼요."

소희는 만만치 않을 것 같다는 생각에 입술을 깨물었다. 하지만 진영이는 재밌는 일이 벌어질 것 같다는 표정이었다.

"여러분 하나하나는 이제부터 '항'이에요. 그런데 어떤 항이 될지는 몰라요. 그냥 숫자일 수도 있고, x가 들어 있을 수도 있어요. 이제 이 안으로 들어가면 여러분들 각각이 어떤 항이 될지 알 수 있을 거예요."

눈앞에 '다항식의 놀이동산'이라는 화려한 푯말이 보였다. 놀이동산의 입구 앞에는 긴 줄이 있었다. 각양각색의 다양한 요괴들이 줄을 서서 입장을 기다리고 있었다.

"이제부터는 아무 말도 하지 마세요. 다른 요괴들과 눈도 마주치지 말고요."

마치 에버랜드 같은 놀이공원에 온 기분이었다. 문어같이 생긴 한 요괴가 입구 앞을 지키고 서 있었다. 입장로는 두 갈래로 나뉘어 있었고, 문어가 정 가운데에 서 있었다.

요괴들이 양쪽으로 입장할 때마다 문어가 왼쪽, 오른쪽 다리를 이용하여 손등을 감싸 주었다. 그러면 손등에 무언가 글자가 새겨지는 것 같았다. 마치 놀이공원에서 입장을 확인해 주는 도장 같았다.

소희가 먼저 용기를 내어 입구 앞으로 향했다. 문어는 소희의 얼굴을 유심히 살펴보았다. 지금까지 봐왔던 요괴들과는 다르게 생겼기 때문이다.

'최대한 자연스럽게 행동하자.'

소희는 애써 태연한 척 눈을 마주치지 않고 앞을 바라보았다. 문어가 이내 한 다리를 쭉 뻗어 소희의 손등을 감쌌다. 미끌미끌한 감촉이 좋지 않게 느껴졌다.

이윽고 문어의 다리는 소희의 손을 풀더니 뒤에 서 있는 진영이에게 향했다.

소희의 손등에는 '$3x$'가 새겨졌고, 'x' 부분이 밝게 빛을 내고 있었다. 마찬가지로 진영이에게는 '7'이, 치비에게는 '$2x^2$'이 손등에 새겨졌다. 치비의 'x^2'은 소희의 'x'보다도 더 밝게 빛났다.

진영이가 의아한 표정으로 말했다.

"나한테만 x가 없어. 안 좋은 건가?"

"숫자만 있는 항은 특별히 '상수항'이라 불러요."

님프가 진영이를 바라보며 말했다. 그는 'x'가 없고 '7'만 있으니 상수항이었다.

"자, 이제 서로 간에 간격이 1m 이내가 되면 서로 다른 항이 하나의 '식'으로 합쳐지게 돼요. 우선, 진영 군과 소희 양이 가까이서 보겠어요?"

진영이가 소희 옆으로 한발씩 다가왔다. 둘 사이의 거리가 1m 이내로 좁혀지자 두 사람의 손등에 '$3x+7$'이라는 식이 생겼다.

"그러니까 소희의 '$3x$'와 제 손등의 '7'이 더해진 거군요."

"맞아요. 다시 멀리 떨어져 보세요."

이번엔 소희가 진영이에게서 한 발짝 멀어졌다. 그러자 소희의 손등에는 원래대로 '$3x$'가 나타났고, 진영이의 손등도 '7'로 돌아왔다.

"이제 여러분은 요괴가 나타날 때마다 서로 합쳐지거나 나뉘어야 해요. 여러분들 각자는 '항'이라고 했죠? 둘 이상이 합쳐졌을 때는 항이 여러 개라 '다항식'이 되고 혼자만 있을 때는 '단항식'이 돼요. 요괴들도 아무래도 다항식 요괴가 더 강할 거예요."

"그럼, 우리 셋이 다 합쳐졌을 때도 다항식인가요?"

"네, 맞아요."

진영이의 질문에 님프가 대답했다.

"그럼 이제부터 이곳을 다니는 요괴들의 중요한 비밀을 알려줄게요. 모두 가까이 모여보세요."

님프의 말에 모두 님프 주변으로 원을 그리듯이 둘러섰다.

"여기 요괴들은 자신과 유사하게 생긴 '식'이 지나가면 아무 반응이 없어요. 자기랑 비슷한 요괴라고 생각하는 거죠. 하지만 좀 다르게 생겼으면 가까이 다가와서 여러분을 자세히 살펴볼 거예요. 인간인지 요괴인지 알아내기 위해서죠."

"만약 인간인 게 들통나면 어떻게 되죠?"

진영이가 작은 목소리로 조심스레 물었다.

"여기서는 서로 식의 모양이 다르면 요괴끼리도 싸우다 서로를 잡아먹어요. 하물며 인간이라면 가장 맛있는 저녁 식사 메뉴죠."

모두 겁이 나서 입의 침이 마르는 것 같았다.

"하지만 형태만 맞춰 주면 잘 속일 수 있어요. 예를 들어, '$5x +2$'가 새겨진 요괴를 생각해 볼게요. $5x$라는 요괴와 2라는 요괴가 합쳐진 거죠. 이 요괴는 이것과 비슷한 모양이면 그냥 지나쳐요. '$\Box x +\Box$'와 같은 모양인데 $\Box$에는 숫자가 들어간 거죠. 그러면, 여러분 중에 누구랑 누가 합쳐지면 이것과 비슷해질까요?"

"저랑 소희 아닐까요? 아까 '$3x +7$'이었잖아요."

"네, 정확해요. 이렇게 형태가 비슷하면 요괴들이 건들지 않고 지나갈 거예요."

"계수는 달라도 상관이 없다는 건가?"

치비가 끼어들었다. '계수'라는 개념은 진영이와 소희에게는 생소했다.

"네, $5x$나 $3x$에서 x랑 곱하는 숫자 5나 3을 계수라 부르죠. 계수는 요괴랑 달라도 괜찮아요. 식의 대략적인 모양만 같으면 돼요."

치비가 잘 알겠다는 듯이 고개를 끄덕였다.

"그럼 건투를 빌게요. 이따 놀이동산 출구에서 만나요!"

님프가 다시 하늘 높이 날아오르더니 놀이동산의 저편으로 사라졌다.

소희, 진영, 치비는 우선 모두 함께 걸어가기로 했다. 셋의 손 등에 '$2x^2+3x+7$'이 새겨졌다. 항이 3개인 다항식이 된 것이다.

"근데, x^2 부분이 왜 가장 빛나는 거지? x도 빛나기는 하는데."

진영이가 궁금하다는 듯이 물었다.

"x에 붙은 지수가 클수록 밝게 빛나는 것 같아. $2x^2$에서 x의 지수는 2라서 가장 커. 소희 손등에 있는 $3x$는 사실 $3x^1$이야. x의 지수 1이 생략된 거지. 지수가 1이라서 2인 경우보다는 덜 밝은 것 같아."

치비의 말에 진영이가 그런 것 같다고 맞장구를 쳤다.

"그리고 가장 빛나는 지수인 '2'를 따와서 우리 식은 2차식이라 부를 수 있어."

치비의 말에 의하면 셋이 합치면 이차식이 된다.

그때, 저만치 앞에서 두 마리의 요괴가 나타났다. 손등에는 '$4x+3$'이라고 쓰여 있었다. 빛나는 x의 지수가 1뿐인 일차식이었다.

"'$3x$'인 소희랑 '7'인 나만 있으면 될 것 같아!"

진영이가 속삭이듯 외쳤다. 눈앞에 나타난 요괴와 같은 식의 모양을 만들려면 일단 치비가 빠져야 했다.

치비는 재빨리 뒤로 물러서서 나머지 일행들과는 다른 방향으로 몸을 틀었다. 그러자 소희와 진영이의 손등에 새겨진 식에서 치비의 '$2x^2$'이 자연스럽게 사라졌다.

요괴들은 소희와 진영이를 슬쩍 바라보았다. 놀란 소희는 숨을 참은 채 얼어붙어 있었다. 하지만 별다른 반응 없이 앞으로 가던 길을 지나갔다. 자신들과 유사한 종족이라 생각한 것이다.

'성공이야.'

소희와 진영이 모두 다행이라 생각했다.

한편, 치비는 그 요괴들과 마주치지 않기 위해 멀리 돌아서 가야 했다. 그러다 보니, 갑자기 혼자인 상태가 되었다. 만약 지금 자신과 모양이 다른 요괴를 만난다면 매우 위험한 상황이었다. 가능하면 빨리 진영이와 소희가 있는 곳으로 다시 합류하여야만

했다.

저 멀리 소희와 진영이 앞에는 또 다른 요괴의 모습이 보였다. 이번에는 아까와 달리, 몸집이 작은 요괴가 혼자 있었다. 혼자뿐이니 '단항식' 요괴였다.

"몸집이 작아서 손등이 잘 안 보여."

소희와 진영이 모두 당황스러웠다. 덩치가 큰 요괴는 손등도 컸기 때문에 쉽게 항이나 식을 볼 수 있었으나 작은 요괴는 잘 보이지 않았다. 하지만 한 가지 확실한 것이 있었다. 손등에 빛나는 것이 없었다.

"빛나는 것이 없으니 x가 없는 식인 것 같아. 그렇다면 나처럼 숫자만 있는 상수항인 것 같아."

정확히 뭐라고 쓰여 있는지 알 수는 없었으나 숫자만 있다면 진영이가 혼자 상대해야 했다.

소희는 얼른 몸을 숨길 곳을 살펴보았다. 바로 옆의 수풀 뒤가 가장 적당해 보였다. 서둘러 움직이다가 그만 수풀 옆의 가시에 다리를 찔렸다.

'앗!'

굉장히 따가웠으나 소리를 냈다간 요괴에게 걸릴 수 있어서 입을 틀어막았다.

통통거리며 앞으로 다가오던 작은 요괴는 진영이를 보더니 한 손을 흔들었다.

'이거 어째야 하지? 나도 같이 인사를 하는 게 좋으려나?'

진영이는 어떻게 반응하는 것이 좋을지 몰랐다. 괜히 무시했다가 달려들기라도 할까 걱정되었다. 그래서 요괴와 똑같이 한 손을 흔들었다. 애써 미소를 지었으나 입만 웃고 있는 억지웃음에 가까웠다.

요괴는 진영이에게 별다른 말 없이 자기 갈 길을 갔다. 다행히 이번 요괴도 무사히 지나칠 수 있었다.

소희는 수풀 뒤에 숨어서 나갈 타이밍을 기다리고 있었다. 혹시라도 작은 요괴의 눈에 띄지 않게 그가 눈앞에서 완전히 사라진 후에 나가야 했다.

그때였다. 소희 등 뒤에서 쿵쿵거리는 소리가 들렸다. 마치 산짐승이 냄새를 맡는 소리 같았다. 수풀 앞쪽에만 집중하느라 뒤에 누가 있으리라고는 생각하지 못했다.

"이게 무슨 냄새지?"

누군가 말했다. 소희는 조심스럽게 고개를 돌려 등 뒤에 누가 있는지 바라보았다.

그곳에는 눈이 다섯 개 달린 요괴가 침을 잔뜩 흘리며 혀를 날름거리고 있었다. 소희와 눈이 마주치자 기분 나쁘게 웃고 있었다. 소희는 너무 놀란 나머지 뒤로 주저앉고 말았다.

"누, 누구세요?"

소희가 반사적으로 그를 보고 외쳤다. 사실 그가 누구인지는 알 바 아니었다. 무서워서 저절로 말이 나온 것이다. 살짝 고개를 내려 그의 손등을 살폈다.

'$5x^2$'

자신과 종류가 다른 이차식인 항이었다. 그렇다면 저 요괴는 치비만이 상대할 수 있었다.

"이게 무슨 냄새야? 인간의 피 냄새 같은데….."

눈이 다섯 달린 요괴는 소희의 다리 가까이에 코를 대고 냄새를 맡았다. 좀 전에 가시에 찔렸던 부위다. 아마도 피가 나고 있는 모양이다. 소희는 겁에 질려 다리를 덜덜 떨었다.

"맛있는 냄새야. 한 입 먹고 싶은데."

요괴가 소희의 다리를 물기 위해 입을 크게 벌렸다. 요괴의 입 속에 감춰져 있던 날카로운 송곳니가 밖으로 모습을 드러냈다. 금세라도 소희의 다리를 두 토막으로 조각내 버릴 것만 같았다.

"잠, 잠깐. 난 인간이 아니야."

소희가 애써 마음을 가다듬으며 소리쳤다.

"뭐?"

"지금 인간을 잡기 위한 미끼로 잠깐 인간인 척하고 있었던 거야. 어제 내가 잡아먹은 인간의 피를 다리에 발라 놓고 다른 인간들을 유인하고 있던 거야."

소희는 어떻게든 위기에서 벗어나기 위해 생각나는 대로 말을 내뱉었다.

"다른 인간들?"

일단, 요괴의 주의를 끄는 데는 성공했다.

"응, 이 주변에 인간들이 많이 침입했어. 나보다 몸집도 크고 훨씬 맛있는 인간들. 너도 나랑 같이 다니면서 인간 사냥을 하자."

요괴는 순순히 소희의 말을 믿을 정도로 순진하고 멍청하지 않았다. 우선, 소희는 이차식인 자신과 달리 일차식이었고 인간의 피 냄새까지 났다. 굳이 더 따질 것도 없는 맛 좋은 먹잇감이었다.

게다가 지금 바로 잡아먹지 않더라도 이 작은 소녀는 언제든지 먹을 수 있겠다는 자신이 있었다. 만약 다른 인간들까지 찾는다면 며칠간을 배부르게 포식할 수 있었다.

"그래, 좋아. 그럼 한 번 기회를 주지. 다른 인간들은 어디 있는데?"

"날 따라와."

소희는 우선 이 위기를 모면해야 했다. 달리 방법이 있는 것도 아니었지만 우선 진영이가 있던 방향으로 향했다. 요괴는 소희가 혹시 도망칠 수 있다고 생각하여 소희 뒤에 바짝 붙었다. 둘 사이의 거리가 1m 이내가 되었고 요괴와 소희가 함께 다항식을 만들어 버렸다.

진영이는 멀리서 소희가 다시 나타나기를 기다리고 있었다. 그런데, 뜻밖에도 소희가 요괴와 같이 수풀에서 나오는 모습을 보았다. 게다가 소희의 손등에서 빛나는 부분이 두 곳이었다. 저 괴상한 요괴와 다항식을 만든 것이다.

'소희가 저 요괴에게 잡힌 건가?'

진영이는 x가 없는 상수항이었다. 저 요괴가 자신을 상대해줄 리가 없었다.

'내가 나설 수는 없겠군. 그렇다면 방법은….'

진영이는 갑자기 전력으로 달리기 시작했다. 소희와 요괴가 있던 곳과는 점점 더 멀어지는 방향이었다. 소희와 요괴도 멀리서 그 모습을 지켜보고 있었다.

"저기 도망가는 것이 인간인가?"

요괴가 진영이를 가리키며 말했다. 소희는 진영이의 뒷모습을 바라보며 적잖이 당황할 수밖에 없었다. 그가 이렇게 혼자서만 달아날 줄은 몰랐다. 요괴를 상대한다는 것이 절대 쉽지는 않을 것이다. 하지만 같이 싸운다면 어떻게든 방법을 찾을 수 있으리라 생각했다.

"그, 그렇지. 우리를 보고 도망가잖아. 내가 인간이라면 도망가겠어? 당연히 날 도와주러 왔겠지."

이렇게 된 이상 소희로서는 요괴가 자신을 완전히 같은 편이라 생각하게 만드는 수밖에 없었다.

'근데 저게 뭐지? 진영이가 뛰어가는 방향이 좀 이상한 것 같은데….'

만약 진영이가 요괴와 소희에게서 멀어지려면 일직선으로 도망가는 것이 가장 유리했다. 하지만 진영이는 지그재그 방향으로 이상하게 뛰고 있었다. 그렇게 뛰다가는 쉽게 잡힐 수 있었다.

'아, 혹시….'

문득 소희도 진영이의 의도를 알아차린 것 같았다.

"자, 그럼 오늘 저녁은 저 녀석으로 하자. 같이 잡으러 가볼까?"

소희가 요괴에게 먼저 제안했다. 요괴는 다시 혀를 내밀어 입맛을 다시더니 소희를 따라 앞으로 나아가기 시작했다.

한편, 치비는 어느새 그들 가까이 다가왔다. 뒤쪽에 있는 또 다른 수풀에 숨어 소희와 요괴의 모습을 지켜보고 있었다. 소희를 구하러 나갈까 했으나 요괴와의 간격이 너무 좁아 보였다. 괜히 잘못 나섰다가는 소희가 위험에 처할 수 있었다.

게다가 진영이가 어디론가 달려가는 모습도 보였다. 분명 어떤 생각이 있을 것이다. 일단은 상황을 좀 더 지켜보다가 행동해야겠다고 생각했다.

'이곳에는 수많은 요괴들이 있어. 분명 이렇게 왔다 갔다 하면서 뛰어다니면 마주치는….'

진영이는 의도적으로 자신과 형태가 다른 요괴와 마주치려는 생각이었다. 그때 눈앞에 세 마리의 요괴가 보였다. 손등에 새겨진 식은 '$3x^2-4x+1$'이었다.

그들은 진영이를 보자마자 먹잇감을 발견했다는 듯이 황급히 달려들기 시작했다. 진영이는 곧바로 방향을 반대로 틀어 소희와 요괴가 있던 곳을 향해 전력으로 달리기 시작했다. 숨이 조금 찼으나 평소에 친구들과 자주 뛰어놀던 것이 효과를 보고 있었다. 세 마리의 요괴들도 그를 바짝 추격하여 달리기 시작했다.

소희와 함께 있던 요괴는 진영이가 다시 자신들의 방향으로 뛰어오는 것을 보고 웃음을 터트렸다.

"살다 보니 먹잇감이 제 발로 오기도 하는군."

그때였다. 진영이의 뒤로 세 마리의 요괴가 보인 것이다.

"이런… 항이 3개나 되는군. 우리보다도 항이 많은 다항식이야. 일단, 피해야겠어."

님프의 말에 의하면 요괴끼리도 식의 모양이 다르면 서로 공격한다. 항의 개수가 많은 쪽이 아무래도 수적으로 유리한 편이다.

요괴가 소희에게 다시 수풀로 들어가자고 말했다. 소희는 머뭇거리기 시작했다.

"빨리 움직여! 위험하단 말이야!"

소희가 우물쭈물하고 있을 때, 세 마리의 요괴가 소희와 눈 다섯 달린 요괴를 발견했다.

"저쪽은 두 마리다. 차라리 저쪽을 노리자."

그들의 타깃은 금세 진영이가 아닌 소희와 눈 다섯 달린 요괴쪽이 되었다. 세 마리의 요괴가 자신들을 발견한 것을 확인하자마자 소희는 수풀 반대 방향으로 뛰기 시작했다.

소희와 함께 있던 요괴는 멀어지는 소희를 보며 당황했다. 소희를 쫓아가다가는 저 세 마리의 요괴에게 잡힐 것이다. 결국, 소희를 놔두고 혼자 원래 있던 수풀로 숨어 버렸다.

진영이는 소희가 요괴와 떨어진 것을 확인하자마자 소희가 있는 방향으로 몸을 틀어 달렸다. 상황을 주시하고 있던 치비도 소희가 있는 방향으로 향했다.

세 마리의 요괴는 복잡한 상황에서 누구를 잡아야 할지 결정을 내리지 못해 속도가 늦어지고 있었다. 결국, 진영이와 소희 쪽을 노리기로 했다.

진영이가 거친 숨을 몰아쉬며 달려와서 소희의 양손을 꼭 붙잡았다. 순간 소희의 얼굴이 빨개졌다. 치비도 재빨리 소희 옆으로 밀착했다. 순식간에 이차식이자 다항식인 '$2x^2+3x+7$'이 만들어졌다. 소희 일행을 쫓던 세 마리의 요괴와 같은 모양이었다.

그들은 그 즉시 걸음을 멈추었다. 이제 소희 일행은 더 이상 그들의 먹잇감이 아니었다.

세 마리의 요괴는 갑자기 방향을 틀어 눈이 다섯 달린 요괴가 숨은 수풀 쪽으로 향했다. 잠시 뒤, 수풀 속에서 한 요괴의 비명이 들렸다. 소희에게는 익숙한 목소리였다. 얼른 귀를 틀어막고 치비, 진영이와 함께 출구 방향으로 달리기 시작했다.

결국, 셋은 무사히 다항식의 놀이동산에서 빠져나올 수 있었다.

제 **16** 편

출렁다리의
귀신

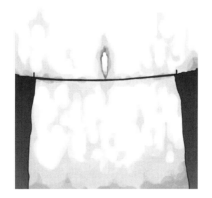

놀이동산을 빠져나오자 그들의 눈앞에 깎아지른 듯한 절벽이 나타났다. 절벽 아래로는 안개가 끼어 바닥조차 잘 보이지 않았으며 세찬 물소리만 들릴 뿐이었다. 혹시라도 아래로 떨어진다면 그대로 흔적도 없이 죽을 것 같았다.

절벽 건너편으로 넘어가기 위해서는 불안해 보이는 출렁다리 하나를 건너야 했다. 출렁다리에는 물안개가 피어올라 형체가 뚜렷하게 보이지도 않았다. 하지만 확실한 것은 다리 양쪽에 난간이 없다는 사실이었다.

"설마, 이 다리를 건너라는 건가?"

진영이는 심하게 불안해 보이는 다리를 건너는 상상만으로도 다리가 후들후들 떨렸다. 사실 말은 안 했으나 소희와 치비도 두려운 건 마찬가지였다.

"여러분, 이곳은 죽음의 출렁다리라 불리는 곳입니다. 이곳만 지나면 이제 목적지에 거의 도착이죠. 하지만 한순간의 실수로 목숨을 잃을 수 있는 곳이니 지금부터 하는 설명을 잘 들어주세요."

님프의 표정도 평소보다 엄숙하고 진지해 보였다.

"이 출렁다리는 쉽게 균형이 무너져요. 한쪽으로 무게가 쏠리는 순간 바로 무거운 쪽으로 기울어지게 됩니다. 그 말은 곧 모두 아래로 떨어져 버릴 수 있다는 거죠."

소희가 침을 꼴깍 삼켰다.

"다리 가운데에는 뾰족한 가시덩굴이 나 있어요. 그래서 가운데에 한 줄로 서서 건너기는 어려워요. 다리 위에서 균형을 잡기 위해서는 양쪽으로 나뉘어서 다리를 건너야 해요. 여러분 각자 몸무게가 어떻게 되나요?"

진영이는 48kg, 소희는 43kg, 치비는 약 5kg 정도라고 대답했다.

"자, 그럼 진영이가 다리의 오른쪽으로 건넌다면 어떻게 해야 균형이 맞을까요?"

"저랑 치비는 왼쪽으로 건너야겠죠?"

소희가 대답했다.

"맞아요. 그렇게 양쪽의 무게가 비슷해야 안전하게 건널 수 있어요. 물론, 저는 날아서 가니까 상관없고요."

모두 이해했다는 듯이 고개를 끄덕였다.

"그럼, 생각보다 어렵지 않아 보이는데?"

치비가 자신만만하게 말했다.

"아니에요. 사실 중요한 건 이제부터예요."

님프가 다시 한번 무서운 표정을 짓더니 말을 이었다.

"여러분이 다리를 건너는 동안 갑자기 어깨가 천근만근 무겁고 등에 무언가가 매달린 것 같은 느낌을 받을 수 있어요."

님프의 설명을 듣자마자 소희의 등에 소름이 돋았다.

"그게 대체 뭔가요?"

진영이가 물었다.

"출렁다리에 사는 귀신이에요. 그 귀신은 다리를 건너는 자의 등에 붙어요. 그때, 절대 뒤를 돌아보면 안 돼요. 등에 귀신이 붙은 사람이 자기 뒤를 돌아보다가 귀신과 눈이 마주치면 그대로 머리를 잡아먹힐 수 있어요."

모두 놀라서 자리에 그대로 얼어붙었다.

"그럼, 어떻게 해야 하죠?"

"이제부터가 정말 중요해요. 여러분이 다리를 건너다보면 이마에 빨간색 숫자가 새겨질 거예요. 각자 하나의 항이 되는 거죠. 자기 이마에 생기니까 자기 스스로는 볼 수 없겠죠?"

모두 고개를 끄덕였다.

"보통 이마에 숫자가 나타날 테지만 누군가에게는 'x'가 나타날 거예요. 그 'x'가 새겨진 자의 등에…."

"귀신이 붙은 건가?"

치비가 침착하게 말했다.

"네, 맞아요."

"음."

모두 '나한테 'x'가 나타나면 어떡해야 하지?'하고 걱정하는 표정이었다.

"근데, 출렁다리 귀신은 물속에서 올라온 귀신이라 몸이 아주 무거워요. 귀신이 붙는 순간 그쪽으로 다리가 기울 수 있겠죠?"

"그럼 나머지 사람들은 빨리 반대쪽으로 이동하는 것이 좋겠네요. 균형을 맞추려면?"

"네, 맞아요. 그렇게 항을 옮기는 것을 '이항'이라 불러요. 그럼 우리가 일단 연습을 해 보죠."

우선, 땅에서 연습을 해 보기로 했다. 소희와 치비가 왼쪽, 진영이가 오른쪽에 있기로 했다.

[소희＋치비＝진영]

소희의 이마에는 −2, 치비의 이마에는 x가 나타났고, 진영이
의 이마에는 3이 나타났다고 생각해 보기로 했다.

[−2(소희)＋x(치비)＝3(진영)]

"이렇게 된다면 치비의 등에 귀신이 붙은 거죠. 귀신이 붙으면
무거워지니까 치비만 놔두고 소희는 빨리 진영이가 있는 오른쪽
으로 넘어가서 무게의 균형을 최대한 맞춰야겠죠?"

소희가 님프의 말대로 치비를 떠나 진영이 옆으로 다가갔다.

"그런데, 가운데 가시덩굴을 넘어가면 숫자의 부호가 바뀌어
요. 소희의 이마에 −2가 쓰여 있었다면 가시덩굴을 넘어가면
＋2가 되는 거죠."

[x(치비)＝3(진영)＋2(소희)]

진영이는 생각보다 좀 어렵다는 표정을 지었다.

"그럼 진영이와 소희의 숫자를 합하면 어떻게 될까요? 진영이
의 3과 소희의 2를 더한 거니까 5가 되겠죠. 그럼 x＝5라고 볼
수 있어요."

"아, 그러니까 x만 놔두고 반대편으로 간 숫자들을 다 합하면
그게 x의 값이 된다는 거죠?"

"네, 정확해요. x의 방정식을 풀게 된 순간 바로 그 x 값을 말하면 돼요. 귀신을 쫓아내는 방법은 오직 그것뿐이에요. 귀신의 x를 말하는 것!"

님프의 설명이 끝나자 모두 긴장한 채로 출렁다리 앞으로 향했다. 한번 연습해 보았으나 실수를 할 것만 같았다.

연습했던 때처럼 소희와 치비가 다리의 왼쪽, 진영이가 오른쪽으로 건너기로 했다. 모두 한발 한발 앞으로 발을 내딛기 시작했다. 치비가 살짝 다리 아래쪽을 바라보았다.

"옆에 낭떠러지는 쳐다보지 말고 앞만 보고 건너요! 낭떠러지를 보면 겁이 나서 다리가 풀려 주저앉을 수 있어요!"

님프가 하늘 위에서 소리쳤다. 모두 다시 정면만 바라보면서 다리를 건너가기 시작했다.

그때, 소희가 이상한 느낌을 받았다. 갑자기 누가 누르는 것처럼 어깨가 무거워지기 시작했다. 앞으로 고꾸라질 것 같았지만 가까스로 견뎌냈다.

"치비, 지금 나한테 붙은 거 같아. 반대편으로 넘어가!"

소희가 외쳤다. 치비가 소희의 이마를 보자 붉은색 'x'가 선명하게 보였다. 그리고 소희의 뒤에 흉측한 물귀신 한 마리가 붙어 있었다.

진영이의 이마에는 3이 쓰여 있었고 치비의 이마에는 −5가 쓰여있었다.

[x(소희)−5(치비)=3(진영)]

치비가 얼른 가운데 가시덩굴을 건넜다. 그러자, 치비의 이마 숫자가 −5에서 +5로 바뀌었다.

"자 그럼 진영이의 3과 내 5를 더한 거니까 8이다. 네 x 값은 8이다. 악귀야!"

치비가 x의 값을 부르자마자 귀신은 소희의 등에서 힘없이 떨어지더니 다리 아래로 추락했다. 그러자 모두의 이마에 새겨진 숫자와 x도 모두 사라져 버렸다.

귀신이 떨어지자 출렁다리는 진영이와 치비가 있는 쪽으로 기울기 시작했다. 오른쪽이 더 무거워졌기 때문이다. 치비는 얼른 다시 가시덩굴을 건너 소희 옆으로 갔다. 그러자 다리의 균형이 잡혔다.

"휴, 살았다."

제법 빠른 걸음으로 다리의 반 정도를 건넜다. 아직 갈 길이 멀다고 생각할 때였다.

이번에 이상한 느낌을 받은 것은 치비였다. 어깨가 쓰라릴 정도로 무거운 것이 짓누르는 느낌이었다.

"소희야, 이거 원래 이렇게까지 무거운 거야?"

"응?"

소희가 치비의 이마를 확인해 보았다. 그런데, 이상한 일이 벌어졌다. 'x'가 아니라 '$2x$'라고 쓰여 있는 것이다. 얼른 치비의 등 뒤를 보았다. 치비에게는 두 마리의 귀신이 붙어 있었다.

"죽을 것 같아. 빨리 이항해 줘!"

치비가 외쳤다. '이항'하라는 것은 반대쪽으로 넘어가라는 뜻이었다. 소희의 이마에는 14, 진영이의 이마에는 6이 쓰여 있었다.

[$2x$(치비) $+14$(소희) $=6$(진영)]

소희는 얼른 가시덩굴을 건너기 위해 달려갔다. 소희 이마의 14가 가시덩굴을 건너자 -14가 되었다.

[$2x$(치비) $=6$(진영) -14(소희)]

"자 그럼 어떻게 되는 거지? '6-14'니까 -8이야. x의 값은…."

"잠깐만!"

진영이가 x의 값을 부르려고 하는 것을 소희가 막았다. 출렁다리는 점점 귀신 두 마리가 붙은 치비 쪽으로 기울어지고 있었다. 이대로 가다가는 모두 낭떠러지로 추락할 것이다.

"아까 봤는데, 귀신 두 마리가 붙어 있어. x가 아니라 $2x$라 쓰여 있고."

"뭐?"

이런 경우는 처음이라 진영이도 당황했다.

"지금 우리가 계산한 건 -8인데, x가 두 마리라는 거지?"

"응, $2x = -8$인 상황이야."

"그럼 2마리한테 -8을 똑같이 나눠줘야 하지 않을까?"

진영이가 말했다.

"그런가? 맞는 거 같아! $-8 \div 2 = -4$니까…, 네 x의 값은 -4다. 악귀야!"

소희가 눈을 질끈 감고 외쳤다. 진영이도 덩달아서 눈을 감았다. 치비에게 붙어 있던 귀신들이 금세 등에서 떨어지더니 그대로 다리 밑으로 추락하기 시작했다.

"고마워, 얘들아! 좀만 늦었으면 그냥 밑으로 미끄러질 뻔했어."

치비가 소리쳤다. 다행히 x의 값을 제대로 찾은 것이다.

"이제 거의 다 왔다!"

다리를 건너기까지 10m도 채 남지 않았다. 모두가 이제는 정말 끝이라 생각했다. 빨리 땅을 밟고 싶은 마음뿐이었다.

놀라운 일이 벌어진 것은 바로 그때였다.

"이번에 드디어 나인 거 같아."

진영이가 처음으로 어깨에 묵직한 느낌을 받았다. 분명 자신에게 귀신이 들러붙은 것이다. 하지만 놀랍게도 의외의 말을 듣고 말았다.

"아니야, 나야…."

소희도 얼굴이 빨개지기 시작했다. 이제는 어깨가 무거워서 피가 날 것만 같았다.

"무…슨…말…이…야…난…데…."

치비는 거의 죽어가는 목소리였다. 이게 대체 무슨 일인가? 모두가 서로의 이마를 바라보았다. 진영이의 이마에는 $2x$, 치비와 소희의 이마에는 x가 쓰여 있었다. 진영이 등 뒤에는 두 마리, 치비와 소희 등에는 각각 한 마리의 귀신이 붙어 있었다.

"대체 무슨 일이야, 이거? 모두 귀신이 붙었잖아."

"근데, 왼쪽에도 두 마리, 오른쪽에도 두 마리라서 다행히 다리가 기울어지지는 않았어."

양쪽에 똑같은 수의 귀신이 있어 출렁다리는 여전히 균형을 이루고 있었다.

"근데, x는 대체 뭐야? 이렇게 동시에 나타난 적은 없었는데."

"식으로 한번 만들어 보자. 진영이가 $2x$고 나랑 소희는 $x+x$야. 그러니까 $2x=x+x$잖아. $x+x$는 $2x$야. 그러니까 결국 $2x$

＝2x라는 거지.”

“2x＝2x? 그게 뭐야. 양쪽이 똑같잖아. 그럼 x는 뭐라는 거야?”

진영이의 질문에 치비가 이제 더 버티기 힘들다는 표정으로 말했다.

“x가 있는 식에서 양쪽이 같으면 사실 x는 아무 숫자나 다 가능해. 아무 숫자나 하나 말해 봐!”

“6?”

“그럼 6을 한 번 대입해 보자. 2x＝2x니까 x에 6을 대입하면 ‘2×6＝2×6’ 이렇게 되겠지? 12＝12야. 결국, 맞는 식이야.”

“x에 숫자를 넣는 것을 ‘대입’이라 부르는구나. 그럼 혹시 x＝x나 3x＝3x 이런 거도 다 아무 숫자나 대입해도 되겠네?”

소인수의 숲을 지난 이후로 체력이 강해진 진영이는 두 마리의 귀신이 붙었음에도 거뜬했다. 힘들어하는 치비와 달리 표정에 여유가 있었다.

“어, 그렇지. 이걸 ‘항등식’이라 불러.”

“그러네. 신기하다. 항등식이라고?”

“‘항상 등식이 성립하는 식’을 줄여서 항등식.”

“그래, 어쨌든 그럼 아무 숫자나 불러도 된다는 거지? x는 6이다. 악귀야! 이만 물러나라!"

진영이의 외침에 네 마리의 귀신들이 동시에 다리 아래로 사라졌다. 다리가 여러 번 출렁였으나 모두 무사히 건널 수 있었다.

"드디어 땅이다!"

다시 땅을 밟자마자 모두가 그 자리에 주저앉았다. 아직도 양다리는 후들거리고 있었다. 이번에는 정말 꽤 힘들었으나 서로의 얼굴을 보니 입가에 웃음이 나왔다. 멀리서 님프가 그들에게 날아오고 있었다.

제17편

네 개의 사분면

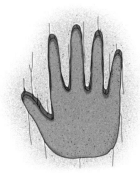

출렁다리를 건너오자 그들 앞에 보이는 것은 끝없이 펼쳐진 푸른 바다였다. 짙은 물안개가 시야를 가리고 있었다.

"뭐야? 지금까지 제대로 온 거 맞아?"

치비가 님프를 바라보며 소리쳤다. 진영이와 소희도 혹시나 하는 마음에 님프를 바라보았다. 여기가 땅끝이었지만 '그분'의 흔적은 전혀 보이지 않았다. 허탈한 마음이 들려던 참이었다.

"저기를 보세요."

소희 일행의 시선이 동시에 님프가 손으로 가리킨 곳을 향했다. 안개 때문에 온전히 볼 수는 없었다. 하지만 저 멀리 바다 위에 거대한 암벽으로 둘러싸인 섬 같은 것이 보였다.

"여기까지 모두 잘 오셨어요. 이제 마지막 단계예요. 저 섬에서 '그분'을 만날 수 있어요."

모두 당황스러웠다. 저기까지 수영이라도 해서 가야 한단 말인가? 답답한 마음에 치비가 무언가 불만을 토로하려던 참이었다. 안개 속을 뚫고 한 척의 배가 그림처럼 조용히 나타났다. 박물관에서나 보았을 법한 두 개의 돛이 달린 제법 큰 배였다.

"이제부터는 배를 타고 이동하게 될 거예요. 우리를 '그분'에게 데려다줄 선장님께 인사 부탁해요."

배 위에는 삿갓을 쓰고 있는 자가 한 명 서 있었다. 키가 250㎝가량으로 일반적인 성인 남자보다 훨씬 커 보였다. 삿갓 때문에 얼굴 생김새는 보이지 않았다. 간단히 서로 고개 숙여 인사를 하고 소희 일행은 바로 배에 올라탔다.

배는 곧 거대한 암벽이 있는 방향으로 출발하였다. 치비는 배 옆쪽에서 바다의 풍경을 바라보고 있었다. 님프는 선장 옆에서 그와 대화를 나누는 것 같았다.

사실 고양이의 청각은 개보다도 뛰어난 편이다. 고양이들은 멀리 떨어져 있는 쥐구멍 안에서 쥐가 살짝 움직이는 소리까지도 들을 수 있다. 치비는 마치 바다를 바라보는 것 같았지만 사실 님프가 선장과 하는 이야기에 귀를 기울이고 있었다.

"이제 곧 해가 질 것 같아요. 암벽까지는 얼마나 걸릴까요?"

"음, 걸리는 시간 말이오? 그건 잘 모르겠다만…. 일단, 암벽까지 거리는 약 15㎞요. 이 배의 속력은 시속 30㎞ 정도 될 거요."

치비는 선장의 말을 듣고 머릿속으로 계산을 시작했다.

'배의 속도가 시속 30㎞라는 건 한 시간에 30㎞를 이동할 수 있다는 건데, 실제 거리는 15㎞니까 30㎞의 반밖에 안 되는군. 그럼 시간도 한 시간의 반이면 충분하단 말인데. 30분이면 도착하겠군.'

치비가 빠르게 계산을 완료했다.

"걸리는 시간은 거리를 속력으로 나누면 되겠죠? 걸리는 시간 = $\frac{거리}{속력}$ 니까요."

님프가 말한 것은 아주 유명한 수학 공식이었다.

"그럼, 거리가 15㎞, 속력이 시속 30㎞니까 $\frac{15}{30}$, 약분하면 $\frac{1}{2}$ 시간. 한 시간은 60분이니까 $\frac{1}{2}$ 시간이면 30분 정도면 도착하겠군요."

님프는 치비와 달리 공식을 이용하여 차근차근 계산했으나 결과는 똑같았다. 수학을 잘 모르는 듯 선장은 아무 말이 없었다.

"해지기 전에 충분히 도착할 수 있겠군요. 그럼 잘 부탁해요."

님프가 마법을 부리자 금화 몇 개가 갑자기 하늘에서 떨어졌다. 님프는 이 금화들이 오늘 뱃삯이라고 선장에게 건넸다. 삿갓을 푹 눌러쓴 선장의 입꼬리가 살짝 올라가는 것이 보였다. 치비의 걱정과는 달리 둘 사이에 수상한 정황은 없었다.

한편, 소희와 진영이는 배 뒤편에 둘만 나란히 앉게 되었다.

"소희야, 지난번에 하던 얘기 있잖아."

진영이의 말에 소희도 오랜만에 다시 원래 세계의 일들을 떠올리게 되었다.

"응, 그때 무슨 말을 하다가 말았지?"

진영이가 살짝 망설이다가 말을 꺼냈다.

"응, 사실 너희 부모님이 왜 이혼하게 되셨는지 궁금했어. 근데, 말하기 불편하면 굳이 얘기하지 않아도 괜찮고."

진영이는 혹시 소희에게 민감한 이야기일까 걱정하였다.

"괜찮아. 다 지난 일인데. 사실 나도 정확히는 알지 못해. 엄마가 나중에 내가 크면 알려 준다고 하셨거든. 그리고 아직 자세한 이야기는 듣지 못했어."

진영이는 알았다는 듯이 고개를 끄덕였다.

"근데, 지금 생각나는 것들이 있어. 그 당시에 할머니께서 크게 아프셔서 몸져누우셨어."

"너희 할머니가?"

"응, 그랬었어. 그리고 엄마가 자주 할머니 병문안을 가셨었지. 근데, 이상하게도 엄마가 병문안만 갔다 오시면 아빠와 더 다투셨던 것 같아."

"그게 그럼 이혼과도 관련이 있는 건가?"

진영이가 한 손을 턱에 괴고 물었다.

"뭐 자세한 건 모르겠어. 그리고 당시에 아빠 친구 얘기도 많이 했던 것 같아. 엄마가 아빠 친구를 상당히 싫어하셨던 것 같아. 그것 때문에도 아빠와 싸웠고."

"음, 할머니가 아프시고 아빠 친구와도 다퉜다는 거지. 전혀 짐작 가는 게 없네."

"그치. 사실 7년 전 일이기도 하고. 그게 지금 엄마와 할머니가 사라진 것과 연관이 있을지 잘 모르겠어."

소희와 진영이는 그 밖에도 가족이나 친구 이야기를 함께 나누었다. 배는 어느새 거대한 암벽이 눈앞을 가로막는 곳에 이르렀다.

가까이에서 보니 이 암벽도 굉장히 특이한 점들이 있었다. 마치 유리수 마을에서 본 것처럼 독특하게 반씩 나뉘어 있었다. 암벽의 왼편은 차가운 얼음으로 이루어진 얼음벽이었다. 하지만 오른편 암벽에서는 뜨거운 김이 모락모락 올라오고 있었다. 손에 닿으면 너무 뜨거워서 데일 것만 같았다.

또 하나 특이한 부분은 암벽에 셀 수 없이 많은 손바닥 자국이 나 있다는 점이었다. 마치 손바닥을 자국 위에 올리면 딱 맞춰질 것처럼 손 모양으로 움푹 들어간 모양이었다.

"저 손바닥 모양들은 뭐지? 근데, 엄청 규칙적으로 패여 있네."

"저 꼭대기까지 자국이 나 있어. 손이 닿지 않을 것 같이 엄청 높은 곳인데."

셀 수 없이 많은 손바닥 자국들이 일정한 간격으로 암벽을 가득 메우고 있었다.

"앗, 뜨거워! 바닷물이 왜 이러지?"

파도로 인해 바닷물이 몸에 튀자 진영이가 놀라서 소스라쳤다. 바닷물 안도 암벽과 마찬가지였다. 배를 기준으로 왼편의 바닷물은 얼음이 둥둥 떠 있는 차가운 물이었다. 하지만 오른편의 바닷물은 마치 온천수처럼 김이 펄펄 나는 뜨거운 물이었다.

"이 섬에 어떻게 들어간다는 거죠? 절대 암벽을 타고 넘어갈 수는 없을 것 같은데."

암벽의 높이는 소희 키의 10배도 넘을 만큼 높았다.

"물론, 여기를 넘어갈 수 있는 건 하늘을 나는 저밖에 없겠죠. 하지만 넘지 않아도 방법이 있어요. 암벽을 가르면 돼요."

모두 또 한 번 어안이 벙벙해졌다. '그렇게 쉬운 방법이 있었다

니…'라는 생각이었다.

"그 전에 여기서는 먼저 각자가 담당할 영역들을 정해야 해요. 1사분면부터 4사분면까지."

님프의 말대로 이 암벽에는 크게 네 가지 영역이 있었다. 첫 번째는 뜨거운 암벽이면서 지상에 있는 부분, 두 번째는 얼음벽이면서 지상에 있는 부분, 세 번째는 얼음물 속, 네 번째는 뜨거운 온천 같은 물 속이었다. 각자 자신 있는 부분을 선택하라는 것이었다.

"1사분면은 뜨거운 암벽인데 물 위에 있는 부분이에요. 그러니까 배를 기준으로 오른쪽 위라고 볼 수 있죠. 누가 여기를 담당할래요?"

다들 처음이라 머뭇거리고 있었다.

"아무도 없으면 제가 할게요. 전 일단 수영은 자신 없으니 물 속은 어려울 것 같고 차가운 것보다는 뜨거운 게 나을 것 같아서요."

소희가 대답했다. 별다른 지원자가 없어 소희가 1사분면을 담당하기로 했다.

"이번엔 2사분면, 얼음벽인데 물 위예요. 이곳은 누가 담당할래요?"

진영이와 치비는 서로를 바라볼 뿐 대답이 없었다.

"그럼 이곳은 제가 담당할게요. 제가 날아다닐 수 있으니 얼음 벽에 미끄러질 일도 없고요."

이번엔 님프도 직접 참여한다는 말에 모두 놀랐다. 2사분면은 님프가 담당하기로 하였다.

"그럼 3사분면은 누가 할래요? 이곳은 차가운 얼음물 속이에 요."

이번에도 정적이 흘렀다. 잠시 뒤 진영이가 입을 열었다.

"제가 할게요. 원래 제가 바다 마을 출신이라 차가운 물에서도 수영을 많이 해 보긴 했어요."

3사분면은 진영이가 담당하기로 했다.

"그럼 내가 4사분면을 담당하면 되겠네. 뜨거운 온천물이라니 몸을 녹일 수 있어 좋겠군."

"근데, 고양이들은 원래 물을 싫어하지 않아?"

진영이가 치비를 보며 의아하다는 듯이 물었다.

"응, 그런 겁쟁이 고양이들이 많지. 근데, 난 이래 봬도 '터키시 반'이야. 터키의 반(Van) 호수에서 수영하며 살았던 고양이란 말 이지."

진영이가 놀랍다는 듯이 엄지손가락을 치켜세웠다. 그렇게

4사분면은 치비가 담당하기로 했다.

"자, 각자 담당할 영역들이 정해졌네요. 그럼 이제 여기를 보세요."

님프가 가리킨 방향은 얼음벽과 뜨거운 암벽 사이의 정중앙이었다. 암벽이 물과 닿는 높이에 어떤 수식이 적혀 있는 것처럼 보였다. 물결이 칠 때마다 물속에 잠기기도 하고 다시 물 위로 모습을 드러내기도 하였다.

"$y=2x$"

진영이가 그곳에 쓰인 수식이 물 위로 보일 때 겨우 읽었다.

"이건 뭐지? 우리가 지금까지 한 건 '$x+2=4$' 같은 식이었잖아. 그런데 이번에는 x뿐만 아니라 y도 있어."

"그러네. x와 y, 문자가 두 개나 있으면 대체 어떻게 이 식을 풀지?"

소희와 진영이는 답답한 마음이 들었다. 지금까지 여기서 알게 된 수학 지식으로는 해결할 수 없는 문제였다.

"걱정하지 마세요. 일단 이렇게 x, y가 모두 있을 때는 x만 생각하세요. y는 나중 일이라 생각하고."

님프의 지시에 따라 모두 x에 집중하기로 했다.

"여기서 x에는 어떤 숫자든지 들어갈 수 있어요."

"그럼 2나 4나 아무거나 된다는 말이죠?"

님프의 말에 진영이가 물었다.

"네, 상관없어요. 그럼 먼저 2를 넣어 보세요."

"'$y=2x$'에서 '$2x$'는 '2 곱하기 x'라는 뜻이니까 x에 2를 넣으면 $y=2\times2$, $y=4$가 되겠네요."

진영이가 척척 계산해 냈다.

"맞아요. 그럼 다시 정리하자면, x가 2일 때, $y=4$라는 것이죠. (2, 4) 이렇게 표현할 수 있어요."

님프가 마법을 이용하여 허공에 초록빛 가루를 뿌리면서 '(2, 4)'를 썼다.

"그럼 x가 4일 때는 어떻게 될까요?"

"x가 4라면 $y=2x$에서 $y=2\times4$니까 $y=8$이겠네요. 그럼 (4, 8) 이렇게 되는 거죠?"

소희의 말에 님프가 활짝 웃으면서 고개를 끄덕였다.

"x가 2에서 4로 2배 커지니까 y도 4에서 8로 2배 커지는군요."

진영이가 x와 y의 변화를 잘 살피더니 말했다.

"맞아요. 그런 걸 정비례 관계라 말해요. x가 2배, 3배 변하면 y도 2배, 3배 변하는 관계요."

님프가 '정비례 관계'가 무언인지 간단하게 이야기하였다.

"그럼 이제 누가 담당해야 할지 위치를 찾아볼까요? 정중앙을 기준으로 x는 왼쪽이나 오른쪽으로, y는 위, 아래로 이동한다고 생각하면 돼요. (4, 8)로 해 볼게요. x가 4니까 오른쪽으로 4칸 이동하고 y가 8이니까 위로 8칸 이동해요. 그럼 누구의 영역이죠?"

우선 오른편으로 이동했으니 뜨거운 쪽이고 위로 이동했으니 물 위에 있는 암벽이었다. 이쪽은 소희가 담당하는 1사분면이었다.

"제 영역이요!"

소희가 오른손을 번쩍 들어 올리며 큰 소리로 대답했다.

"자 그럼 (4, 8)의 손바닥 자국에 소희 양의 한 손을 올려놓으세요."

뜨거운 암벽 위에 손을 올려놓으면 손이 곧 타들어 갈 것만 같았다. 그래도 지금까지 님프의 말을 따랐다가 사고가 난 적은 단 한 번도 없었다.

잠시 머뭇거리다가 조심스레 오른손을 손바닥 자국 위에 올렸다. 소희의 손이 작은 편이라 자국 안으로 쏙 들어갔다. 그렇게 뜨거워 보이는 암벽이었는데 손을 올린 곳은 의외로 따뜻한 정도였다.

"이제 반쯤 완성된 거예요. x에는 양수와 음수를 하나씩 넣어야 해요. 자, 그럼 이번에는 x에 음수를 넣어 볼까요?"

"음수도 아무 숫자나 상관없나요? 그렇다면 -3을 넣어 볼게요."

진영이의 말에 님프가 괜찮다고 대답했다.

"그럼 $y = 2x$에서 y는 $2 \times (-3)$이니까 $y = -6$이죠?"

진영이는 유리수 마을에서 알게 된 음수의 곱셈을 떠올리며 대답했다.

"네, 맞았어요. 아까처럼 (x, y)의 형태로 표현하면 $(-3, -6)$이 되겠죠?"

"우선 x가 음수니까 왼쪽인 차가운 얼음쪽으로 이동해야겠고, y도 음수니까 물속으로 들어가야겠군."

치비가 말했다.

"차가운 물 속이니까 3사분면, 내 담당이야!"

진영이가 소희처럼 오른손을 번쩍 들어 올렸다. 그리고는 웃옷을 벗더니 곧바로 물속으로 풍덩 잠수했다. 물은 예전에 통영 바다에서 수영할 때보다 훨씬 차가웠다. 몸이 곧 얼어버릴 것만 같았다.

물속에서도 정중앙에 쓰인 수식을 볼 수 있었다. 중앙을 중심

으로 왼쪽으로 3칸, 아래로 6칸을 이동한 곳의 손바닥 자국을 찾아 오른손을 살포시 올렸다.

진영이가 손을 올리자마자 놀라운 일이 벌어지기 시작했다. 진영이와 소희가 손을 올린 곳에서 빛이 새어 나오기 시작한 것이다.

'우와! 이게 무슨 일이야? 벽 속에서 빛이 나오다니!'

갑자기 두 사람의 손바닥이 누르고 있던 곳과 정중앙이 서로 연결되면서 암벽에 거대한 틈새가 벌어지기 시작했다. 암벽은 점차 '그르릉' 거리는 굉음과 함께 둘로 갈라졌다. 이윽고 그 사이로 배가 지나갈 수 있을 정도의 공간이 만들어졌다. 벌어진 틈새 사이로 바닷물이 끊임없이 흘러 들어가기 시작했다.

"이 사이가 다시 막히기 전에 서둘러 지나가야 해요."

진영이는 물 위로 나와 가쁜 숨을 몰아쉬었다. 그가 서둘러 배에 다시 올라타자마자 선장의 조종으로 배는 암벽 사이 틈새를 통과하기 시작했다. 물살은 강하고 틈새는 매우 좁았다. 배가 거의 부서지기 일보 직전이었지만 겨우 통과할 수 있었다.

배가 무사히 빠져나오자 모두 환호성을 질렀다.

제**18**편
'그분'이 사는 곳

배가 암벽 사이를 통과하였지만 기쁨도 잠시일 뿐이었다. 그들 앞에는 또 다른 암벽이 놓여 있던 것이다.

"뭐야, 또 막혀 있잖아."

"이제 다 끝난 줄 알았는데….'

소희와 진영이의 눈에는 실망한 기색이 역력했다.

"'그분'이 사는 곳은 이렇게 여러 겹의 암벽으로 막혀 있어요."

님프는 여전히 차분하게 말했다.

"뭐 때문에 이렇게까지 막아두는 거야? 대단한 놈인 줄 알았더니 완전 겁쟁이로군."

치비의 말에 님프가 눈을 흘기며 그를 쳐다보았다. 하지만 치비는 님프의 시선을 느끼면서도 못 본 척하였다. 이번에도 물이 출렁이는 정중앙에 수식이 쓰여 있었다.

"이번에는 $y=-5x$야. 일단, x에 1을 넣어 볼까?"

치비가 화제를 돌리며 재빠르게 수식을 읽었다.

"x에 1을 넣으면 $y=-5\times1$이 되지. 그러면 $y=-5$야. $(1, -5)$에 있는 손바닥을 지나겠네."

소희가 계산하여 말했다.

"응, 맞아. 그럼 이번엔 x에 2를 넣어 볼까?"

"x에 2를 넣으면 $y=-5\times2$니까 $y=-10$이 되지. $(2, -10)$이야."

이번에도 소희가 대답하면서 스스로도 놀랐다. 사실 수학을 모든 과목 중 가장 싫어해서 평소 수학 문제는 쳐다보지도 않았던 소희였다. 하지만 지금 어느새 자연스럽게 수학 문제를 풀고 있는 자신의 모습이 신기하게 느껴졌다.

$y=-5x$의 그래프는 $(1, -5)$와 $(2, -10)$을 지난다.

"x가 1에서 2로 2배 변하니까 y도 -5에서 -10으로 2배 변했어요. 그러니 이것도 정비례 관계죠?"

진영이의 말에 님프가 가볍게 고개를 끄덕였다.

"x는 0보다 크니까 따뜻한 오른쪽, y는 0보다 작으니까 물 속이야. 그럼 따뜻한 온천물을 담당하는 치비의 4사분면이겠네."

소희의 말을 듣고 치비가 드디어 자기 차례냐는 듯이 몸을 풀기 시작하였다.

"x에 양수를 넣어 봤으니 이번엔 음수를 넣어 봐야겠죠?"

님프가 말했다.

"x에 −1을 넣으면 $y=-5×(-1)$이니까 $y=5$가 되겠네요. 그럼 (−1, 5)예요."

소희가 손쉽게 계산을 끝냈다.

"그럼 여기는 누구의 영역이죠?"

"우선 x는 음수니까 왼쪽, y는 0보다 크니까 위쪽이에요. 얼음벽의 영역이니까 님프의 2사분면이겠네요."

소희가 님프를 바라보며 대답했다. 처음 통과한 암벽과는 달리, 님프와 치비가 담당하는 영역에 손을 올려야 했다.

님프가 먼저 (−1, 5)의 위치를 향해 날아오르기 시작했다. 손바닥 자국은 님프의 얼굴 크기보다도 거대했다. 사실 님프는 항상 날아서 '그분'이 있는 곳으로 갔었다. 이렇게 암벽에 손을 올리는 것은 낯선 일이었다.

게다가 소희 일행을 도와주기만 했지 자신도 직접 참여하는 것은 처음이라 더 긴장되었다. 혹시 암벽이 너무 차가워 손이 얼지 않을까 걱정도 되었다. 하지만 손을 올리자 생각보다 시원하

고 편안한 느낌이었다.

어느새 치비는 따뜻한 물속으로 잠수를 하였다. 오랜만에 물살을 가로지르니 기분이 좋았다. 치비가 손을 올려야 할 곳은 (1, −5)나 (2, −10)이었다. 수면에서 더 가까운 (1, −5)에 손을 올리기로 했다. 오른편으로 1칸, 물속으로 5칸을 내려간 자리에 오른쪽 앞발을 올렸다.

그러자 이번에도 암벽에 틈새가 벌어지기 시작했다. 님프의 손과 치비의 앞발, 정중앙을 연결하는 직선이었다. 아까처럼 암벽이 순식간에 둘로 갈라졌다.

이번에는 아까와 기울어진 방향이 달랐고 많이 가파른 모양의 틈새였다. 틈새가 가파르다 보니 돛대가 높은 배가 이동하기는 오히려 편했다. 선장은 이번에도 능숙한 조종으로 암벽 사이를 빠져나왔다.

암벽을 통과하자마자 또다시 그들을 가로막고 있는 것이 있었다. 하지만 지금까지와는 다른 독특한 모양을 지닌 암벽이었다. 암벽의 모양을 잘 살피더니 님프가 말했다.

"이제 마지막인 것 같네요. 여기만 지나면 '그분'을 만날 수 있어요."

님프의 얼굴도 이제야 한결 홀가분해 보였다. 모두 긴장감과 기대감이 공존하였다.

"그리고 여러분께 마지막으로 하고 싶은 말이 있어요."

마지막에 다 와서 무슨 말을 하고 싶다는 것인가? 치비는 님프의 말에 긴장했다. 혹시라도 우리를 '그분'에게 산채로 제물로 바친다는 말은 아니기를 바랐다.

"제 이름은 율리아예요."

님프가 처음으로 자신의 이름을 말하였다.

"여러분과는 이제 진짜 친구가 되었다고 생각해서 제 이름을 알려 주는 거예요."

님프의 이름을 듣자 소희는 뭔가 가슴이 벅차올랐다. 이곳 툴리아의 문화였지만 이름을 말한다는 것이 가진 의미가 뭔지 어렴풋이 느낄 수 있었다. 지금까지 그녀와 함께 보낸 시간이 지금과 같은 관계를 만든 것이었다.

"고마워요."

단지 이름을 들었을 뿐이었지만 소희는 감사의 인사를 전했다. 그리고는 모두 마지막까지 힘을 내어 암벽을 통과해 보자고 파이팅을 외쳤다.

이번 암벽에는 지금까지와 달리 이상한 점이 있었다. 벽에 이미 금이 가 있던 것이었다. 마치 곧 사이가 갈라질 것처럼 보였다.

"마지막이라 어려울 줄 알았는데 이번에는 힌트가 있네요."

지금까지 봐왔던 암벽의 틈새는 모두 직선이었고 암벽을 둘로 갈라냈다. 하지만 이번에는 두 개의 거대한 곡선이 눈앞에 있었다.

우선, 소희가 담당하는 오른쪽 암벽인 1사분면에 'ㄴ'자 모양과 비슷하나 더 미끄럼틀처럼 부드럽게 금이 간 모습이 보였다. 물속을 들여다보니, 진영이가 담당하는 왼쪽인 3사분면에만 'ㄱ'자 모양과 비슷하지만 'ㄱ'자보다 더 부드럽게 구부러진 금이 가 있었다.

이전처럼 수식을 확인하려고 정중앙의 출렁이는 부분을 바라보았다. 그곳에는 '$y = \dfrac{a}{x}$'라는 수식이 쓰여 있었다.

"이게 대체 뭐야? y, x에 이어 a까지 나왔어. 숫자는 하나도 없어."

진영이와 소희 모두 황당하다는 표정이었다. 대체 이게 무슨 식인가?

"네, 여기서는 a에 들어갈 숫자가 무엇인지 직접 맞춰야 해요."

"네??"

모두 당황했다. 지금까지 방법과는 완전히 다른 것이다. 금이 간 부분들을 자세히 살펴보았다.

"이렇게 $y = \dfrac{a}{x}$ 의 형태는 아까처럼 직선이 아니라 부드러운 곡선 모양을 갖게 되나 봐."

"게다가 선이 두 개나 있다는 것도 기존과는 다르네."

모두 새롭게 관찰한 것들을 하나씩 이야기하기 시작했다.

"근데, 뭘 어떻게 해야 하지?"

막막한 기분이 들 때, 치비가 나섰다.

"저 금이 간 부분 중에 손바닥 자국 위를 지나는 곳들을 찾아보자. 그러면 뭔가 단서가 나올 것 같아. 소희는 1사분면을 살펴봐 줘. 진영이는 물속에서 3사분면을 부탁해."

치비의 말에 진영이와 소희가 서둘러 자기 담당 영역들을 살펴보았다.

"x가 1일 때, y는 1인 손바닥을 지나."

소희가 잘 살펴보니 손바닥 자국들은 항상 x와 y가 모두 정수인 위치에만 나 있었다. 벌써 세 번째 암벽이었지만 이제까지 모르고 있던 사실이다.

"x가 -1일 때, $y=-1$을 지나."

진영이가 잠수를 마치고 나와 소리쳤다.

"그럼 이제 $y=\dfrac{a}{x}$ 에 한 번 그 숫자들을 넣어 보자. 먼저 소희부터."

"$x=1$, $y=1$이니까 $1=\dfrac{a}{1}$ 가 되겠네. 그럼 $1=a$니까 $a=1$이라는 거지?"

치비가 고개를 끄덕였다. 이번엔 진영이 쪽을 바라보았다.

"나 같은 경우는 $x=-1$, $y=-1$이니까 $y=\dfrac{a}{x}$ 에 넣으면 $-1=\dfrac{a}{-1}$ 가 될 거야. 그러면 $a=1$이어야 양변이 $-1=-1$로 같아질 거 같아."

"응, 맞아. 그럼 둘 다 똑같이 $a=1$이네. a 자리에 1을 넣으면 $y=\dfrac{1}{x}$ 이야. 지금 금이 간 부분들이 나타내는 그래프가 이거란 말이지."

"이것도 정비례 관계인가?"

진영이가 호기심에 물었다.

"아니지. $y=\dfrac{1}{x}$에서 x가 1일 때는 y도 1인데, x가 2가 되면 y는 $\dfrac{1}{2}$ 이 되잖아."

"x가 2배가 되니까 y는 $\dfrac{1}{2}$배로 변하네. 이건 무슨 관계?"

"반비례 관계야."

치비의 설명을 듣고 모두가 다시 한번 매끄럽게 금이 난 부분들을 바라보았다.

"그럼 이제 a 값만 적으면 되는 거네? 어디에 쓰지?"

님프가 수식이 쓰여 있는 곳의 아래를 살펴보라고 말했다. 물속을 가만히 들여다보니 수식 아래로 '$a = \square$'라고 쓰인 것이 보였다.

"아 저 네모 안에 a 값을 쓰면 되겠군요. 근데 글씨를 뭐로 쓰지?"

소희가 배 안에서 펜을 찾아보려 하였다. 하지만 님프가 이를 저지했다.

"툴리아의 물건으로 a 값을 적어서는 안 돼요. 이곳은 인간 세계에서 온 자들을 위한 비밀의 통로이기 때문이죠. 여러분이 인간 세계에서 가져온 소지품 중 어떤 것이라도 괜찮아요. 그것을 이용해서 a 값을 적으세요."

진영이에게 소지품이라고는 스마트폰밖에 없었다. 하지만 물속으로 집어넣어 암벽에 글씨를 쓰다가는 그대로 고장 날 게 뻔했다.

소희도 뭐가 좋을지 고민하고 있었다. 그때, 갑자기 떠오른 것이 있었다.

"혹시 이것을 이용하면 어떨까요?"

소희가 목에 걸고 있던 목걸이를 들어 올려 보였다. 현수에게 받았던 선물이다.

"악마를 물리치는 힘이 있는 페리도트군요. 한번 시도해 봐도 좋을 것 같아요. "

소희가 목걸이를 목에서 빼더니 보석 부분을 움켜잡았다. 그리고는 배에 있는 사다리를 타고 암벽 근처로 이동하기 시작했다. 모두가 숨죽인 채 소희를 바라보고 있었다.

한 손으로는 사다리를 붙잡은 채, 물속의 □ 모양 근처로 손을 담갔다. 위치를 다시 한번 정확히 확인하고는 페리도트로 암벽에 '1'자를 그리기 시작했다. 별로 세게 힘을 주지도 않았으나 신기하게도 선명한 숫자가 새겨지고 있었다.

소희가 마침내 손을 떼자 이번에는 지금까지와 전혀 다른 새로운 변화가 일어났다. 암벽이 그대로 땅 아래로 가라앉기 시작한 것이다. 드디어 오래도록 감추어진 섬의 면모가 드러나게 되었다.

"우와. "

그들의 눈앞에는 지금까지 툴리아에서 봐온 그 어떤 곳보다 아름다운 풍경이 펼쳐져 있었다. 나무와 꽃들이 여기저기 어우

러져 있고 새들이 자유로이 날아다니는 천국 같은 정원이었다.

"드디어 도착했어요, 여러분."

제**19**편

떠나는 자,
남겨진 자

"'그분'이 누군지 이제야 볼 수 있는 건가?"

평소 '그분'에 대한 반감이 누구보다 컸던 치비였던 만큼 과연 그가 어떤 모습일지 더 궁금하였다. 치비는 종이와 펜이 잘 있는지 다시 한번 확인했다. 사실 배 안에서 선장 몰래 챙겨왔다. 혹시라도 '그분'과의 만남에서 어려운 수학 문제를 풀어야 할 것을 대비하기 위해서였다.

바닷가의 짙은 물안개를 뚫고 누군가가 이쪽으로 걸어오고 있었다. 모두 숨을 죽인 채 그가 가까이 다가오기만을 기다렸다.

그들 앞에 모습을 나타낸 것은 기대와 달리, 더벅머리를 한 중학생 정도로 보이는 어린 소년이었다. 긴 앞머리 사이로 보이는 눈빛이 매우 사나워 보였다.

"저자가 '그분'이야?"

치비가 님프에게 물었다. 님프는 정면을 바라본 채 아무 말이 없었다.

"내가 툴리아를 지배하는 마량이다."

'그분'이 직접 대답했다. 거대한 몸집의 난폭한 괴물을 상상했던 치비는 허탈한 기분마저 들었다. 고작 중학생 정도의 소년이라니?

하지만 그보다 놀란 것은 님프였다. 툴리아에서 항상 '그분'으로 불리는 마량은 좀처럼 자신의 이름을 남들에게 밝히지 않는다. 만나자마자 이름을 밝힌 것은 무슨 뜻인가? 이제 인간 세계로 떠날 자들이기 때문에 상관없다는 것인가? 그게 아니라면 설마?

"여기 모두 데려왔어요. 이제 다시 이들이 살던 세계로 보내주세요."

끝까지 님프가 자신들을 돕는 것의 순수성을 의심했던 치비였다. 하지만 이 한마디를 듣고 그녀의 진심을 깨달았다.

"왜 꼭 그래야 하지?"

하지만 마량은 별로 달갑지 않은 것처럼 보였다. 소희 일행은 적개심에 가든 찬 눈을 뜨고 그를 바라보았다.

"약속했잖아요. 제가 외부 세계에서 온 자들을 무사히 데려오면 다시 나가게 해 주겠다고. 그게 이 툴리아에서 제가 맡은 역할이고요."

"음."

마량은 여전히 탐탁지 않은 것 같았다.

"무사히? 저자들이 지금까지 여기서 무슨 짓을 했는지 알고 하는 말이야? 유리수 마을에서는 제멋대로 집을 옮겨 주었고 배수 형제들의 키를 키워서 숲을 짓밟게 했지. 이곳의 질서를 무너트린 건 저들이야."

그가 문제시 삼은 행동들은 님프도 소희 일행에게 신경 쓰지 말자고 설득했던 일들이었다.

'그래서 님프가 가끔 그렇게 차갑게 행동했던 거였구나.'

소희도 이제 님프의 마음을 알 것 같았다. 마량이 지배하는 이곳에서 그의 뜻을 거스르는 행동은 가능한 피하려 했던 것이었다.

"근데 말이야."

가만히 듣고 있던 치비가 입을 열었다. 님프가 다가가서 저지하려 했으나 치비는 개의치 않았다.

"우리는 무의미하게 서로 싸우는 형제들을 화해시켜 주었고,

서로 떨어져 사는 가족끼리 함께 살 수 있게 해 주었을 뿐이야. 그게 질서를 무너트린 일이라는 건가?"

치비의 말에 소희와 진영이도 동의의 뜻으로 고개를 끄덕였다. 마량의 표정이 매우 험상궂게 바뀌었다. 더벅머리 사이로 붉은 눈동자가 커졌다.

"내가 지금까지 이 세계를 지켜오기 위해 어떤 고생을 했는지 알고 지껄이는 건가? 고작 며칠 이곳에서 지낸 침입자 주제에?"

그의 목소리는 우렁차고 단호했다. 님프는 안타까운 눈으로 치비를 바라보았다. 괜히 그의 심기를 건드려서 좋을 것은 없다는 표정이었다.

"저희가 함부로 이곳에 침입한 것은 사과할게요."

이번에는 소희가 나섰다.

"하지만 저희는 이곳의 질서를 어긋나게 할 생각은 전혀 없었어요. 다만, 모두가 어울려 잘 살 수 있게…."

"그만 닥쳐!"

마량이 소희의 말을 끊으며 소리를 질렀다. 그러자 갑자기 벼락이 치면서 소희 옆에 있던 나무가 불타오르기 시작했다. 소희는 두려웠으나 다리를 덜덜 떨면서도 끝까지 그에게서 눈을 피하지 않았다. 잠시 정적이 흘렀다.

"나가고 싶다고 빌어도 모자랄 판에 지금 나에게 대항하겠다는 건가?"

"아니에요. 저들이 잘못 생각한 것 같아요. 제가 대신 용서를 구할게요."

님프가 다시 나서서 말했다. 하지만 마량의 표정은 여전히 분노에 가득 차 있었다.

"그렇게 평화니 화해니 그런 것을 좋아한단 말이지. 좋아, 그럼 어디까지가 진심인지 테스트해 보지."

테스트라는 말에 모두 잔뜩 긴장했다.

"너희들 중 한 놈이 여기 남아 있기로 한다면 나머지는 모두 원래 세계로 보내 주마. 그렇게 잘난 척을 하더니 동료들을 위해 그 정도 희생도 못 하는 건 아니겠지?"

모두 당황한 표정이었다.

"그건… 약속과 다르잖아요."

님프가 다시 한번 나섰다.

"닥쳐. 너도 어느새 인간들과 한패가 되었군. 이제 필요 없으니 저쪽 세상으로 같이 사라져 버려!"

더 이상 님프의 말도 소용이 없었다. 모두 어찌해야 할지 몰랐다. 결국, 이곳에서 절대적인 힘을 가진 건 그였고 그에게 대항

한다고 한들 이곳을 빠져나갈 수는 없었다.

"아무도 남지 않겠다는 건가? 그렇다면 이리로 와라. 차례로 한 명씩 머리를 으깨줄 테니."

그의 눈에 살기가 가득 차 보였다. 어린 중학생 같은 겉모습에서는 절대 나올 수 없는 강력한 카리스마였다.

"내가 남을게."

모두 겁에 질려 있는 상황에서 정적을 깬 것은 치비였다.

"치비…."

"사실 여기서 사는 것도 괜찮은 것 같아. 원래 인간 세계에서는 말도 할 수 없고 걸을 수도 없잖아. 여기서 살아 보는 것도 재밌을 것 같아."

"아니야, 치비. 같이 나갈 방법이 있을 거야."

소희가 치비의 팔을 잡으며 말했다. 하지만 치비는 소희의 손을 뿌리쳤다.

"됐어. 맨날 인간들의 애완동물 노릇하기도 이젠 지겨워. 난 여기 남을 테니까 너네끼리 돌아가든지 말든지 맘대로 해."

진영이도 치비를 설득해 보려 했으나 전혀 통하지 않았다. 마량이 그들의 대화를 흥미롭게 바라보고 있었다.

"그럼, 대충 이야기는 끝난 것 같군. 고양이가 남기로 한 건가?"

치비가 마량 앞으로 걸어 나갔다. 그는 흡족한 표정을 지어 보였다.

"안 그래도 인간들은 도통 믿기 어려웠는데, 영물인 고양이가 남는다니 반가운 일이군."

마량은 약속대로 치비를 제외한 그들을 원래 세계로 보내주겠다고 말했다. 거기에는 님프까지 포함이었다.

"저를 버리시는 건가요?"

마량을 바라보는 님프의 눈빛이 애처로워 보였다. 분명 둘 사이에 무슨 사연이 있는 것 같았다. 마량은 어떤 대답도 하지 않았다.

소희가 마지막으로 치비와 인사를 나누고 싶다고 하였다. 그 사이 님프도 마량에게 가까이 다가가 무언가 이야기를 하는 것 같았다. 치비는 마량의 눈치를 잠깐 보더니 소희의 바지 주머니 속에 작은 쪽지 하나를 집어넣었다.

"원래 세계로 돌아가면 봐 줘."

소희는 알겠다고 고개를 끄덕였다. 그렇게 마지막 작별 인사를 나누고 마량이 주문을 외우기 시작했다.

어디선가 거센 바람이 불어와 모두 넘어지지 않게 주의를 해야 했다. 이윽고 소희와 진영, 님프가 서 있던 땅이 갈라지면서 빛이 뿜어져 나오기 시작했다. 바람이 점점 거세어지면서 소희는 정신을 잃고 말았다. 진영과 님프도 곧이어 의식을 잃었다.

잠시 뒤, 그들이 서 있던 자리에는 누구의 흔적도 없었다.

제 20 편

남겨진 미스터리

소희가 정신을 차리고 주변을 살피자 진영이도 엎드린 채로 막 몸을 움직이고 있었다. 그리고 그 옆에는 피부가 새하얀 처음 보는 소녀가 한 명 있었다. 아직 눈을 감고 있는 소녀의 얼굴을 보고 소희는 깜짝 놀라서 뒤로 물러났다. 그것은 인간만큼 몸이 커진 님프였다.

그들은 다시 지하실 안으로 돌아온 것이다. 처음 떠났을 때와 거의 똑같이 지하실 바닥에 모여 있었다. 하지만 눈앞에 거대한 그림자가 서 있다는 점만은 달랐다.

소희는 고개를 들어 그림자의 주인공이 누구인지 바라보았다. 모자를 깊게 눌러 쓴 사람은 다름 아닌 소희의 아빠였다.

244

"아… 아빠."

소희의 눈에서 눈물이 뚝뚝 떨어지기 시작했다. 다시 이 세계로 무사히 돌아왔다는 안도감 때문인지 아빠를 만난 반가움 때문인지 본인도 알 수 없는 감정이 솟구쳤다. 소희 아빠는 말없이 소희에게 다가가 허리를 굽혀 가볍게 안아 주었다.

소희와 진영이는 아직 의식을 못 찾고 있는 님프를 깨웠다. 님프는 자신의 몸이 중학생만큼 커졌다는 것과 날개가 사라졌다는 사실에 적잖이 놀란 듯했다.

그들 모두는 소희 아빠를 따라 할머니 집 1층으로 향했다. 할머니 집에는 여전히 아무도 없었다.

소희는 묻고 싶은 게 많았다. 엄마는 어디로 갔으며 할머니는 어디로 가신 건지, 지금 아빠는 왜 여기서 나타나는지 온통 궁금한 것뿐이었다. 어디서부터 질문을 해야 좋을지 고민하고 있을 때 아빠가 먼저 입을 열었다.

"이제 전부 이야기할 때가 된 것 같구나."

아빠는 잠깐 생각에 잠기듯이 두 손을 깍지 낀 채 턱에 손을 괴었다.

"친구들은 잠깐 자리를 비켜 줄래?"

진영이와 님프는 2층으로 올라가 잠시 휴식을 취하기로 했다.

소희와 아빠 단둘이 거실에 남게 되었다. 이렇게 둘만 앉아 있는 것은 거의 7년 만의 일이었다. 아빠는 잠시 뜸을 들이더니 소희가 그동안 궁금해한 모든 것에 대해 털어놓기 시작했다.

먼저 이야기를 꺼낸 것은 소희 아빠가 엄마와 이혼한 이유에 관한 것이었다. 7년 전 이맘때에도 소희네 가족은 소희 할머니 집에 와 있었다.

그 당시 소희 아빠는 항상 잠겨 있던 지하실의 문이 어느 날 열려 있는 것을 보고 호기심에 안으로 들어갔다. 그 안에는 지금 지하실처럼 수많은 수식이 한쪽 벽면에 가득 적혀 있었다. 신기하기도 하고 놀랍기도 하여 핸드폰으로 사진을 찍어 두었다. 그리고 소희 할머니에게는 이에 대해 전혀 이야기하지 않았다. 지하실에 누가 들어가는 것을 워낙 싫어하셨기 때문이다.

그리고 다시 서울로 돌아와 지내던 중 대학 수학 교수인 20년 지기 친구를 만나 술 한잔을 했다. 핸드폰 속 소희 사진들을 넘기면서 보여 주다가 우연히 지하실에서 찍은 사진을 같이 보게 되었다. 소희 아빠는 할머니 댁에서 찍은 거라고 대수롭지 않게 말했다.

그리고는 술에 취해 핸드폰을 자리에 놔둔 채 잠깐 화장실에

갔다 돌아왔을 때였다. 그 친구는 서둘러 수첩을 가방에 넣고 있었다. 술에 취해 정확히 기억나진 않으나 펜이 테이블 위에 놓여 있었던 것 같았다.

몇 주가 지나지 않아, 그 친구가 지금까지 누구도 증명하기 어려웠던 수학의 난제를 풀었다는 기사가 언론에 보도되었다. 처음에는 소희 아빠도 친구가 잘되었다는 소식에 기뻐하며 축하 전화를 했다. 하지만 곧 날벼락 같은 일들이 벌어지기 시작했다.

"자기 혹시 지하실에 간 적 없었어?"

소희 엄마의 갑작스러운 질문에 소희 아빠는 심장이 철렁했다. 그런 적 없다고 시치미를 뚝 뗐다. 얼마 지나지 않아 소희 할머니가 병원에 입원했다는 소식이 들렸다. 특별한 병이 있었던 것도 아닌데 급격히 몸이 안 좋아지셨다는 것이다.

소희 아빠는 평소처럼 회사에서 인터넷 기사를 보다가 친구의 기사도 다시 한번 읽게 되었다. 그런데 뭔가 익숙한 부분들이 보였다. 그가 증명해낸 수학의 난제가 어디선가 본 것 같은 느낌이 들었다.

'이거, 지하실에서 본 수식과 좀 비슷한 것 같은데.'

얼른 핸드폰을 열어 예전에 찍었던 수식을 확인해 보려 했다.

그런데, 아무리 사진을 넘겨보아도 지하실에서 찍은 사진이 보이지 않았다. 분명 자신은 지운 기억이 없고 그 당시에 찍었던 다른 사진들은 그대로인데 그 사진만 사라진 것이다.

소희 아빠는 뭔가 이상하다고 생각하여 친구에게 메시지를 보냈다. 혹시 이번에 증명해낸 것에 대한 아이디어를 어디에서 얻었는지 물었다. 그 친구는 평소에 자신이 연구하던 분야라고 말했다. 혹시 그날 술자리에서 핸드폰에 있던 사진의 수식을 기억하냐고 물었으나 술에 취해 아무것도 기억나지 않는다고 대답할 뿐이었다.

소희 할머니가 쓰러진 이유는 스트레스와 상실감이 주된 원인이었다. 소희 엄마의 말에 의하면, 할머니가 7년간 열심히 증명해낸 수학 공식을 도둑맞은 것 같다는 것이다.

소희 아빠는 혹시 자신이 찍은 사진 때문에 문제가 생긴 것은 아닌가 걱정되었다. 하지만 소희 엄마에게 말할 수 없었다. 지금 와서 자신이 지하실에서 사진을 찍었다가 친구에게 보여 줬다고 말을 하기는 일이 너무 커져 버렸다.

소희 엄마는 입원한 할머니를 돌보기 위해 직장도 쉬게 되었다. 병원이 있는 통영에서 지내는 날이 잦아졌다. 그럴 때면 소희 아빠가 소희에게 오믈렛을 만들어 주곤 했다.

소희 아빠가 깜박하고 핸드폰을 집에 두고 출근한 날이었다. 통영에서 올라온 엄마는 남편에게 전화를 걸었다가 집에서 핸드폰이 울리는 것을 확인했다. 그때, 우연히 소희 아빠 친구에게서 온 문자를 보았다.

내가 한턱 쏠게. 한잔하자!

소희 엄마는 평소에 남편의 핸드폰 문자나 통화 내역을 보지 않았다. 하지만 이번에는 뭔가 이상한 느낌이 들어 기존 문자 내역을 살펴보아야겠다는 생각이 들었다.

하나씩 과거의 문자를 넘기면서 읽어갔다. 그러다 한 문자를 읽고는 충격을 받아 핸드폰을 그대로 바닥에 떨어트리고 말았다.

남편이 지하실에서 찍은 사진에 대해 친구와 나눈 문자를 본 것이다. 이 일 때문에 할머니가 쓰러져서 지금까지 고생하고 있었는데 남편은 새빨간 거짓말을 하고 있던 것이다.

소희 아빠가 퇴근하고 집에 돌아오자마자 소희 엄마는 이 일에 대해 따지기 시작했다.

"당신, 어떻게 감쪽같이 날 속일 수 있어?"

소희 아빠는 미안하다고 말했다. 하지만 자기 때문에 할머니가 그렇게 된 건지는 확실치 않다고 말했다.

"내 친구가 술 먹다가 진짜 잠깐 봤을 뿐이야. 한 5초 정도? 그 짧은 시간에 장모님이 7년간 고생해서 증명하신 것을 낚아챌 수는 없었을 거야."

"그럼 그 사진은 지금 어딨는데?"

"모르겠어. 분명히 지운 기억은 없는데…."

"그대로 다 베껴갔을지 어떻게 알아?"

소희 엄마의 눈빛이 매서웠다.

"자기도 원래 그 분야를 연구했다고 하잖아. 문자 봤으면서 왜 그렇게 사람을 못 믿어? 나랑 20년 된 친구야. 당신보다도 오래된…."

"뭐? 아니 지금 나보다 친구를 믿겠다는 말이야?"

"그런 뜻이 아니잖아."

당시 소희가 볼 때도 부모님 사이에 말다툼이 유독 많아졌다. 하지만 그것이 결국 이혼까지 가리라고는 상상할 수 없었다.

그 이후 소희 부모님 사이에는 몇 가지 안 좋은 일들이 더 있었다고 한다. 하지만 이번 사건들과 관계없는 일이라면서 그 부분은 소희에게 이야기하지 않았다.

그렇게 이혼을 한 이후에도 소희 아빠와 엄마는 가끔 만나는 사이였다. 소희 할머니는 소희 아빠를 무척 싫어하게 되었다. 하지만 몇 년에 걸쳐 만나게 되면서 서로에 대한 오해나 감정도 풀리게 되었다.

소희 할머니의 건강이 거의 예전 수준으로 돌아왔다는 점도 긍정적으로 작용했다. 그리하여 최근에는 다시 예전처럼 함께 사는 것에 관해 이야기를 나누고 있었다.

그러던 어느 날, 소희 엄마와 아빠가 함께 레스토랑에서 저녁을 먹고 있었다. 아직 소희에게는 이렇게 두 사람이 자주 만난다는 사실을 밝히지 않고 있었다.

식사가 거의 끝나갈 무렵, 소희 엄마에게 모르는 번호로 전화가 왔다.

"누구지? 핸드폰 번호인데 모르는 번호야."

"뭐 고객일 수도 있지 않아? 일단 받아 봐."

전화를 받고 얼마 지나지 않아 소희 엄마의 표정이 일그러졌다. 도저히 믿을 수 없다는 표정이었다.

"엄마가 또 쓰러지셨대."

전화를 건 사람은 할머니의 친구였다. 그녀의 말에 의하면 오늘 저녁에 소희 할머니 집에 누가 침입했다는 것이다. 소희 할머니는 너무 놀라 쓰러지셨고 병원으로 이송되었다. 이상한 점은 그 사람이 집에는 들어오지 않고 지하실에만 침입했다는 것이다.

소희 엄마는 곧장 통영으로 내려간다고 하였다.

"할머니 건강이 나아질 때까지 소희를 좀 부탁해."

소희가 걱정하지 않게 자세한 얘기는 하지 말아 달라고 했다.

하지만 소희 아빠에게도 이 사건은 중요했다. 지금 이렇게 이혼하여 혼자 살게 된 것도 실은 지하실 사건이 발단이었기 때문이다. 그런데 이번에 지하실에 누가 침입했다는 것이다.

'그자가 누군지 반드시 밝혀내야 해.'

소희에게는 엄마가 쓴 것처럼 편지를 남기고 오믈렛을 만들어 둔 채 소희 아빠도 곧바로 통영으로 향했다.

이번에 지하실에 침입한 사람은 누구일까? 사실 소희 아빠에게 가장 의심이 가는 사람은 그의 20년 지기 친구였다. 그가 아니라면 누구도 그 지하실에 수많은 수식이 적혀 있다는 사실을 모른다.

또한, 일반적인 좀도둑이라면 지하실을 노리지는 않을 것이다. 지하실에는 보통 값비싼 물건을 보관하지 않기 때문이다.

사실 7년 전에도 자존심 때문에 소희 엄마에게는 자기 친구를 믿는다고 말했었다. 하지만 누구보다 그를 의심했던 것이 소희 아빠였다. 아무런 증거가 없었기 때문에 뭐라 말할 수 없었다. 하지만 이번에는 반드시 그 증거를 찾아내리라 생각했다.

소희에게 통영으로 오라고 한 것도 그 때문이었다. 그들 가족이 다시 결합하기 위해서는 소희 할머니, 소희 엄마, 소희가 모두 필요했다. 과거의 문제를 해결하고 다시 시작하기 위해서는 모두가 한 자리에 있어야만 했다. 그리고 이 지하실에서 그 문제를 완전히 해결하여야 했다.

그래서 소희 아빠는 통영에 온 순간부터 지하실을 샅샅이 살폈다. 사실 범인이 훔쳐간 것도 없었고 지하실이었기 때문에 경찰 조사도 부실하게 끝났다. 분명 단서가 있으리라 생각하여 며칠째 지하실을 조사하고 있었다.

그러다 소희 일행이 지하실에 쓰러져 있는 것을 목격한 것이다. 갑자기 애네들이 왜 여기에 있는지 의아하기도 했다. 하지만 중요한 것은 무엇보다 범인을 찾는 일이었다.

소희 엄마와 할머니는 여전히 병원에 있었다. 소희에게는 내일 같이 병원에 가보자고 제안했다. 여기까지가 아빠가 털어놓은 이야기였다.

"치비가 말했어요. 그날 밤, 누군가 낯선 자의 냄새가 났었다고."

"치비? 그게 누구냐?"

소희의 말에 아빠가 되물었다. 그리고 며칠째 연락도 없이 어디에 갔는지도 물었다. 하지만 지금까지 툴리아에서 있었던 일들을 말한다 해도 믿기 어려우리라 생각했다. 게다가 고양이가 말을 한다고 말했다가는 자기도 병원으로 보내버릴지 모른다는 생각에 입을 꾹 다물었다. 아빠는 묘한 표정으로 그녀를 바라보았다.

아빠와 대화를 마치자마자 소희는 서둘러 2층으로 향했다. 진영이가 집으로 돌아가기 위해 이제 막 자리를 나서고 있었다.

"우리 아빠도 지금 날 계속 찾고 계실 거야."

셋은 곧 다시 만나기로 약속하고 진영이는 곧바로 소희 할머니 집을 나섰다.

"율리아, 오늘 여기서 같이 자요."

소희가 처음으로 용기를 내어 님프의 이름을 직접 불러 보았다. 님프도 소희에게 직접 이름을 듣는 것이 아직은 어색했다. 하지만 얼마 안 가 곧 적응하리라 생각했다.

님프는 2층에 있는 할머니가 어렸을 적 쓰던 방에서 소희와 함께 자기로 했다. 그 방 안에는 할머니의 어린 시절 흑백사진들이 액자 속에 걸려 있었다. 사진을 쭉 둘러보던 님프가 말했다.

"이 사람이에요!"

님프가 가리킨 것은 할머니의 초등학생 때 사진이었다.

"네?"

"50년 전에 제가 만났던 그 소녀요, 이 사람이 분명해요."

님프는 50년 전에 소희와 꼭 닮은 인간 소녀가 툴리아로 온 적이 있었다고 말했다. 그리고 그 사람이 소희의 할머니라는 것이었다. 전혀 상상도 못 했던 일이었다.

소희는 멍해진 채 무심코 주머니에 손을 넣었다. 손에 종이 쪼가리가 잡혔다. 치비가 마지막으로 그녀에게 전해준 쪽지였다. 인간 세계로 돌아가서 보라고 했다. 얼른 쪽지를 꺼내 보았다. 그 종이에는 서툰 글씨로 단 네 글자만 적혀 있었다.

기다릴게

그랬다. 치비는 사실 인간 세계로 돌아오고 싶었던 것이었다. 하지만 자신이 남지 않으면 모두 돌아갈 수 없었기 때문에 스스로 희생을 택하였다. 기다린다는 것은 언젠가 다시 자신을 데리러 와달라는 의미였다. 소희의 눈에 눈물이 살짝 고였다. 치비가 보고 싶어졌다.

"그래, 할머니. 할머니라면….”

소희는 할머니도 그 세계를 경험했다는 사실을 떠올렸다. 지하실의 연결통로도 알고 계실 것이다. 그렇다면 분명 할머니에게 더 좋은 아이디어가 있으리라 생각했다. 치비를 다시 인간 세계로 데려올 방법이 있을 것이다. 그리고 치비가 돌아온다면 할머니의 억울함을 풀어줄 진짜 범인도 밝혀낼 수 있을 것이다.

"분명 해낼 수 있을 거야.”

이제 막 인간 세계로 돌아왔다. 하지만 소희의 모험은 이제부터가 진짜 시작이었다.

이 책에 나온 수학 개념들

5편

- 거듭제곱 : 같은 수나 식을 여러 번 곱하는 것을 의미합니다. 곱하는 횟수에 따라 제곱, 세제곱, 네제곱…이라고 합니다.

  2^4은 '2의 네제곱'이라 읽는 거듭제곱이에요. 2가 밑, 4가 지수랍니다.

6편

- 제곱수 : 어떤 정수에 자기 자신을 한 번 더 곱해서 만들어지는 정수를 뜻합니다.

  5^2은 5×5인데, 똑같은 숫자가 두 번 곱해졌으니 제곱수가 되지요.

7편

- 소인수분해 : 자연수를 소수들만의 곱으로 나타내는 것을 의미합니다.

  21을 소수인 3×7로 나타낸 것을 소인수분해라 불러요.

- 소수 : 1보다 큰 자연수 중에서 1과 자기 자신으로만 나누어 떨어지는 수를 뜻합니다. 2, 3, 5, 7, 11, 13, 17, 19 … 등이 모두 소수예요.

- 합성수 : 두 개 이상의 소수의 곱으로 이루어진 수를 뜻합니다.

  21은 소수인 3과 7의 곱으로 이루어졌으니까 합성수예요.

  모든 자연수는 1, 소수, 합성수 셋 중 하나에 속합니다. 결국, 자연수에서 1과 소수를 제외한 나머지 수는 모두 합성수가 됩니다.

8편

- 최소공배수 : 두 개 이상의 자연수의 공통인 배수 가운데 가장 작은 수를 뜻합니다.

  2와 3의 최소공배수는 6이에요.

9편

- 최대공약수 : 두 개 이상의 자연수의 공통인 약수 가운데 가장 큰 수를

뜻합니다.

20과 24의 최대공약수는 4예요.

10편

- 정수 : 음의 정수(…, −3, −2, −1), 0, 양의 정수(1, 2, 3,…)를 통틀어 정수라 부릅니다.

- 유리수 : 분수 꼴로 나타낼 수 있는 수를 말해요. 단, 분모는 0이면 안돼요. 분수에 −를 붙인 수, 0, 분수에 +를 붙인 수를 통틀어 유리수라 부릅니다.

유리수 ┬ 정수 ┬ 양의 정수(자연수) : +1, +2, +3, …

└ 0

└ 음의 정수 : −1, −2, −3, …

└ 정수가 아닌 유리수 : $+\frac{1}{2}$, $-\frac{2}{3}$, 0.6, −2.3 등

11편

- 절댓값 : 수직선 위의 0(원점)에서 어떤 수까지의 거리를 말합니다. 어떤 수에서 양의 부호(+)와 음의 부호(−)를 뺀 값이겠지요.

−8의 절댓값은 8이 된답니다.

15편

- 항 : 숫자 또는 문자의 곱으로만 이루어진 식을 뜻합니다.

$2x^2$, $3x$, 7 등은 각각 항입니다.

- 다항식 : 하나 이상의 항의 합으로 이루어진 식을 말합니다.

$3x + 7$은 다항식이에요.

- 단항식 : 다항식 중에서 항이 1개만 있는 것을 말합니다.

$3x$는 단항식이에요.

- 항의 차수 : 항에서 문자가 곱해진 횟수를 뜻합니다.
- 일차식 : 차수가 1인 다항식을 말합니다.

  $3x+7$은 일차식이에요.
- 이차식 : 차수가 가장 높은 항의 차수가 2인 식을 말합니다.

  x^2+3x+7은 이차식이에요.
- 상수항 : 문자 없이 숫자로만 이루어진 항을 말합니다.

  7은 상수항이에요.
- 계수 : 문자를 포함한 항에서 문자 앞에 곱해진 수를 뜻합니다.

  $3x$의 계수는 3이에요.

16편

- 이항 : 등식의 성질에 의하여 등식의 한 변에 있는 항을 부호를 바꾸어 다른 변으로 옮기는 것을 말합니다.

  $x-2=3$에서 -2를 이항하면 $x=3+2$가 됩니다.

17편

- 정비례 : 두 변수 x, y에 대하여 x의 값이 2배, 3배, …, n배가 될 때 y의 값도 2배, 3배, …, n배가 되는 관계에 있을 때, y는 x에 정비례한다고 말합니다.

  $y=2x$에서 y는 x에 정비례합니다.

18편

- 반비례 : 두 변수 x, y에 대하여 x의 값이 2배, 3배, … n배가 됨에 따라 y의 값은 $\frac{1}{2}$배, $\frac{1}{3}$배, … $\frac{1}{n}$배가 되는 관계에 있을 때 y는 x에 반비례한다고 말합니다.

  $y=\frac{1}{x}$에서 y는 x에 반비례합니다.